超越设计课

风景园林快题设计指南

1895 Design 团队　编著

机 械 工 业 出 版 社

这是一本以风景园林方案设计为核心、以方案的生成逻辑及过程为主要内容的风景园林快题设计图书。第 1 章风景园林快题设计表达解析，从线条、细节、颜色到构图详细讲解快题设计中涉及的图纸表达形式；第 2 章风景园林快题设计的起点与过程，涵盖了方案设计从解题到构思全过程的所有重要环节的思考要点和思路选择；第 3 章常考风景园林快题设计类型，从不同类型入手讲解六大类型快题设计要点；第 4 章风景园林快题设计案例解析为优秀快题设计示范与赏析，通过各种方案的对比评析，加深读者对风景园林设计的理解与思考。

本书适合风景园林、建筑、环艺以及相关专业的在校学生和从业人员作为教材、教学参考书使用，对于风景园林快题设计的初学者来说，具有较高的指导意义。

图书在版编目（CIP）数据

风景园林快题设计指南 / 1895 Design 团队编著 . —北京：机械工业出版社，2022.12

（超越设计课）

ISBN 978-7-111-72256-4

Ⅰ . ①风… Ⅱ . ① 1… Ⅲ . ①园林设计—指南 Ⅳ . ① TU986.2-62

中国版本图书馆 CIP 数据核字（2022）第 252470 号

机械工业出版社（北京市百万庄大街 22 号 邮政编码 100037）
策划编辑：时 颂 责任编辑：时 颂
责任校对：张亚楠 李 婷
责任印制：张 博
北京利丰雅高长城印刷有限公司印刷
2023 年 3 月第 1 版第 1 次印刷
210mm×285mm・13.5 印张・303 千字
标准书号：ISBN 978-7-111-72256-4
定价：109.00 元

电话服务 网络服务
客服电话：010-88361066 机 工 官 网：www.cmpbook.com
　　　　　010-88379833 机 工 官 博：weibo.com/cmp1952
　　　　　010-68326294 金 书 网：www.golden-book.com
封底无防伪标均为盗版 机工教育服务网：www.cmpedu.com

前言 Preface

　　风景园林快题设计主要包括两大方面：图面表达和方案设计。两者共同组成了一套完整的风景园林快题，它们所占的比例和分量是不同的。

　　图面表达是从属于方案设计的，要求清晰和准确，即用美观的表达方式来表达清楚自己的设计。方案设计就是考查作者的设计能力，包含场地设计、平面功能分区设计、流线组织、空间设计、竖向设计、植物设计等诸多方面，是风景园林快题设计最核心的内容，也是检验风景园林快题好坏的根本标准，更是大家最需要提高的方面。这不是一本单纯关于风景园林手绘或是快题设计画法的图书，而是一本以方案设计为核心、以方案的优化过程为重要内容的风景园林快题设计图书。

　　本书集合 1895 Design 所有核心讲师的风景园林快题设计高分攻略和实战积累下的经验，融合多年教学的经验，结合优秀风景园林快题设计作品，进行优缺点解析并给出优化方向，力争给读者具有建设性的风景园林快题设计思考方法和操作路径。

　　我们一直通过不断地完善希望呈现给大家最高效有益的教学成果，希望能对大家起到好的引导，在此感谢朱琳霄认真细心的校对、张彬祎对本书内容的提供、编写及全程跟进，王超群、蔡晓琳、张艺璇、李睿哲、佟思宇、吕丽康、周领权、孙荣乔、郭嘉、吕晓薇等同学对素材的提供。

编　者

1895 Design 风景园林教研团队

目录 Contents

前言

第1章　风景园林快题设计表达解析 ·················· 1

1.1　工具介绍 ···················· 2

1.1.1　铅笔 ···················· 2

1.1.2　钢笔 ···················· 2

1.1.3　绘图笔 ···················· 2

1.1.4　软头笔 ···················· 2

1.1.5　高光笔 ···················· 2

1.1.6　彩色铅笔 ···················· 2

1.1.7　马克笔 ···················· 2

1.1.8　其他辅助用具 ···················· 3

1.2　手绘线稿讲解 ···················· 3

1.2.1　正确的执笔和用笔方法 ···················· 3

1.2.2　线条练习 ···················· 3

1.2.3　明暗体块训练 ···················· 6

1.3　快题设计表现 ···················· 9

1.3.1　马克笔上色表现 ···················· 9

1.3.2　平面图表现 ···················· 11

1.3.3　剖立面图表现 ···················· 14

1.3.4　效果图表现 ···················· 17

1.3.5　鸟瞰图表现 ···················· 26

1.3.6　扩初图表现 ···················· 31

1.3.7　分析图表现 ···················· 34

1.3.8　设计说明 ···················· 36

1.3.9　定稿与排版 ･･･ 36

第2章　风景园林快题设计的起点与过程 ･･････････････ 38

　2.1　导语 ･･･ 39

　　2.1.1　概念 ･･ 39

　　2.1.2　特点 ･･ 39

　　2.1.3　时间安排 ･･ 39

　2.2　过程与方法 ･･ 39

　　2.2.1　审题 ･･ 40

　　2.2.2　立意 ･･ 44

　　2.2.3　构思 ･･ 44

　2.3　城市绿地常用规范与数据补充 ･･････････････････････････････････ 77

　　2.3.1　基本规范 ･･ 77

　　2.3.2　快题设计中常用尺寸与数据 ･･････････････････････････････ 77

第3章　常考风景园林快题设计类型 ･･････････････････ 81

　3.1　校园绿地 ･･･ 82

　　3.1.1　概念 ･･ 82

　　3.1.2　分类 ･･ 82

　　3.1.3　功能分区 ･･ 82

　　3.1.4　景观特点 ･･ 82

　　3.1.5　设计原则 ･･ 82

　　3.1.6　设计要点 ･･ 82

　　3.1.7　设计思路 ･･ 83

　　3.1.8　分区设计 ･･ 83

　　3.1.9　校园规划相关节点举例 ･･････････････････････････････････ 83

　3.2　城市广场 ･･･ 86

　　3.2.1　概念 ･･ 86

　　3.2.2　分类 ･･ 86

3.2.3　设计原则 ··· 86

3.2.4　设计规范 ··· 87

3.2.5　空间组织设计 ··· 87

3.2.6　景观元素设计 ··· 88

3.2.7　城市广场相关节点举例 ··· 88

3.3　居住区绿地 ··· 91

3.3.1　居住区绿地的组成 ··· 91

3.3.2　居住区内的主要道路应满足的要求 ··· 91

3.3.3　居住区道路绿化设计要求 ··· 92

3.3.4　居住区绿化设计要求 ··· 92

3.3.5　居住区绿地相关节点举例 ··· 92

3.4　城市公园 ··· 94

3.4.1　概念 ··· 94

3.4.2　分类 ··· 95

3.4.3　布局形式 ··· 95

3.4.4　相关设计规范摘要 ··· 95

3.4.5　城市公园相关节点举例 ··· 97

3.5　城市滨水区 ··· 99

3.5.1　概念 ··· 99

3.5.2　水景的基本形式 ··· 99

3.5.3　水体的作用 ··· 100

3.5.4　城市滨水区的设计原则 ··· 100

3.5.5　城市滨水区的设计方法 ··· 100

3.5.6　城市滨水区相关节点举例 ··· 103

3.6　山地公园 ··· 106

3.6.1　山地公园设计要点 ··· 106

3.6.2　道路设计要点 ··· 106

3.6.3　水景设计 ··· 107

3.6.4　植物设计 ··· 107

3.6.5　高差处理方式 ··· 107

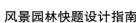
3.6.6　山地公园相关节点举例 ································· 108

第4章　风景园林快题设计案例解析 ····················· 112

4.1　校园广场设计 ································· 113

4.2　高校广场绿地设计 ································· 119

4.3　城市雕塑广场设计 ································· 125

4.4　公园入口广场设计 ································· 131

4.5　水主题科普公园设计 ································· 136

4.6　城市体育公园设计 ································· 141

4.7　风景名胜区入口设计 ································· 147

4.8　滨河绿地公园景观设计 ································· 153

4.9　城市滨水景观设计（一） ································· 159

4.10　城市滨水景观设计（二） ································· 165

4.11　公园专题设计 ································· 172

4.12　抗日烈士纪念园设计 ································· 178

4.13　台地公园景观设计 ································· 184

4.14　石灰窑改造公园设计 ································· 191

4.15　山地疗养院景观设计 ································· 196

4.16　公园景观设计 ································· 201

第 1 章　风景园林快题设计表达解析

1.1 工具介绍

手绘工具是快题设计必备工具，从草稿到勾线再到最后的上色需要多种工具共同完成。随着学习不断深入，从一开始的线条及单体的基础练习到图纸最终的整体表现，我们会逐步接触到这些不同的绘画工具，并学会合理搭配，化繁为简，节省时间，下面对这些工具进行简单介绍。

1.1.1 铅笔

主要应用于草稿阶段，使用自动铅笔、普通铅笔均可。在使用过程中避免过于用力，避免在纸面上留下划痕导致最后需要花费大量时间用橡皮擦除。

1.1.2 钢笔

避免使用书法钢笔，选择不易晕染的墨水十分重要。钢笔的线条硬朗，相较绘图笔和针管笔而言，线条对比更明显。

1.1.3 绘图笔

绘图笔是一个统称，主要是指针管笔、勾线笔、黑色碳素笔等墨笔。绘图笔常见型号为 0.1 ~ 1.0mm，一般会选用 0.1mm、0.3mm、0.5mm、1.0mm，推荐使用三菱、白雪、樱花等品牌。如：

（1）道路、铺装场地边界、植物选用 0.5mm 的绘图笔，推荐使用白雪 0.5mm 及红环一次性笔（主要用于小场地）。

（2）铺装、等深线、草坪点、等高线选用 0.3mm 或 0.1mm 的绘图笔，推荐使用樱花、雄狮、三菱等品牌。

（3）1.0mm 水岸线、平面图构筑物阴影、图名下划线，推荐使用百乐草图笔。

1.1.4 软头笔

用于树木阴影，推荐使用樱花软头笔、小楷笔。

1.1.5 高光笔

高光笔是在创作中提高画面局部亮度的好工具。高光笔的覆盖力强，在描绘水纹时尤为必要，适度地给予高光会使水纹生动、逼真起来。除此之外，高光笔还适用于玻璃、塑料、金属、木材、陶瓷等材质的绘制。推荐使用樱花牌提白笔（细笔提亮边缘）、三菱牌修正液（点高光）。

1.1.6 彩色铅笔

选用油性彩色铅笔不选用水溶性彩色铅笔，可对水纹、天空和植物进行细化，推荐使用辉柏嘉品牌。彩色铅笔的使用因学校而异，在非明确要求使用彩色铅笔的题目中，可不用彩色铅笔，节省时间。

1.1.7 马克笔

马克笔又称记号笔，是一种书写或绘画专用的绘图彩色笔，本身含有墨水，且通常附有笔盖，笔头坚硬。马克笔的墨水具有易挥发性，用于一次性的快速绘图，可画出变化不大的、较粗的线条。

1. 按笔头分

（1）纤维型笔头。纤维型笔头的笔触硬朗、犀利，色彩均匀，高档笔头设计为多面，随着笔的转动能画出不同宽度的笔触，适用于对空间体块的塑造。纤维型笔头分为普通头和高密度头两种，区别就是书写分叉和不分叉。

（2）发泡型笔头。发泡型笔头较纤维型笔头更宽，笔触柔和，色彩饱满，画出的色彩有颗粒状的质感，适合景观、水体、人物等软质景物的表达。

2. 按墨水分

（1）油性马克笔。油性马克笔快干、耐水，而且耐光性相当好，颜色多次叠加不会伤纸，柔和。

（2）酒精性马克笔。酒精性马克笔可在任何光滑表面上书写，速干、防水、环保。墨水具有挥发性，应于通风良好处使用，使用完需要盖紧笔帽，要远离火源并防止日晒。

（3）水性马克笔。水性马克笔则是颜色亮丽有透明感，但多次叠加颜色后会变灰，而且容易损伤纸面。另外，用蘸水的笔在上面涂抹的话，效果跟水彩很类似，有些水性马克笔干掉之后会耐水。

不同品牌马克笔介绍

○ AD马克笔：效果较好的一款，揉色非常好，适合大面积使用，但气味非常严重，有很浓重的汽油味。

○ 美国犀牛（Rhinos）（油性、发泡型笔头）：双头，笔头较宽，色彩饱满，颜色相对较灰，性价比较高，每支8～10元。

○ 韩国TOUCH（酒精性、纤维型笔头）：双头（小头为软笔），效果很好，每支12～13元。国产TOUCHTHREE/TOUCHFOUR（三代/四代），性价比较高，价格便宜。

○ 凡迪（FANDI）：价格便宜，适合初学者拿来练手。

○ 法卡勒酒精性马克笔：价格合理，效果很好，颜色近似于水彩的效果，一支在5元左右。

1.1.8　其他辅助用具

其他辅助用具主要包括：橡皮、平行尺、比例尺、三角板（大三角板可以代替丁字尺）、丁字尺或者格尺（画图纸边框用，优先选用格尺，体量小）、圆模板（画平面树）、小刀（裁纸或画错抠图用）、纸胶带、硫酸纸、考试用纸（根据目标院校选择A1或者A2纸，建议选择偏黄、厚度适中、少折痕的纸，黄纸显色效果好，正式考试可使用道林纸，价格偏贵；硫酸纸拓图）、素材本。

1.2　手绘线稿讲解

1.2.1　正确的执笔和用笔方法

执笔通常有三个要点：①笔要放平，尽量平于纸面，这样线条容易控制，也能用上力量；②笔杆方向与画的线条方向要尽量垂直；③以手臂带动手腕用力，下笔肯定。

正确坐姿　　　　握笔姿势　　　　快斜线运笔姿势　　　　快竖线运笔姿势

1.2.2　线条练习

线条的练习是掌握快速表现的基础，在手绘表现中最为常见，大多数形体都是由线条构筑而成。线条，是快速表现的元素之一，更是基础。在快速绘画中主要表现线条的美感，线条的变化包括用线的快慢、虚实、轻重、线形等因素。要画出优美的线条需要大量的练习。

在练习时，手要自然放松，绘制的线条要均匀、流畅，线条与线条之间，要适当交接。线条的练习需要坚持才能达到好的效果，不同线条的练习主要包括对直线（横直线、竖直线、斜直线）、曲线、弧线、椭圆、不规则线、长线、短线、快线、慢线的练习，再就是不同线条的组合训练。

1. 快线

画快线时，用笔要肯定，干净利落，起笔和收笔要稍作停顿，画出较为明显的起点和终点，要做到有头有尾，手腕不可乱动，手腕和手臂要一起动。

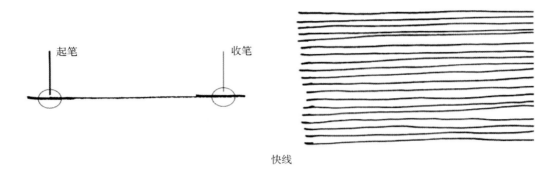

快线

2. 慢线

慢线画出的效果像是震颤的波纹，又称为"抖线"。运笔时有时间思考线的走位。表现时要沉稳、气定，保持力度的均匀，线条尽可能地拉长一些。

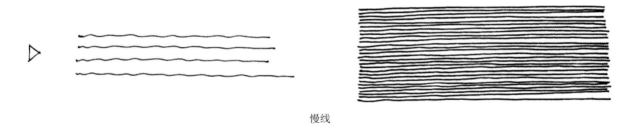

慢线

3. 曲线

画曲线时，要控制用笔速度，下笔要肯定，控制线条的长度，不宜过长，线条两头重、中间轻，表达出圆滑的效果，并且尝试不同方向的画法。

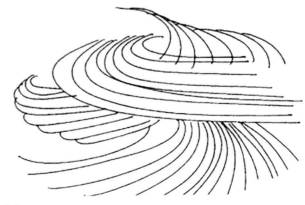

曲线

4. 控制线练习（竖线、横线、斜线）

在练习控制线时，线条不宜过长，方法与绘制自由线相同，就是增加对线条的控制力，先画好边缘线，然后在左右搭边画。左边起笔好控制，右边长度比较难把握。

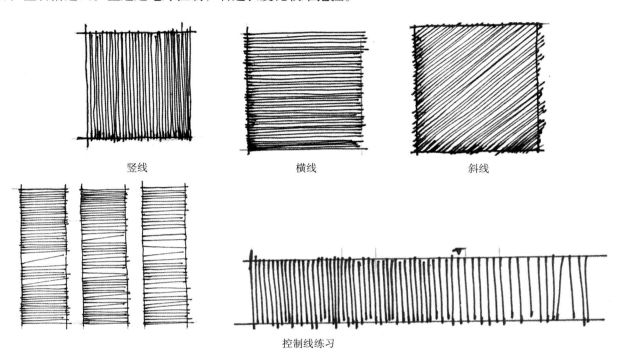

竖线　　　　　　　　横线　　　　　　　　斜线

控制线练习

5. 线条组合练习（同一间距、不同间距、各种组合线条）

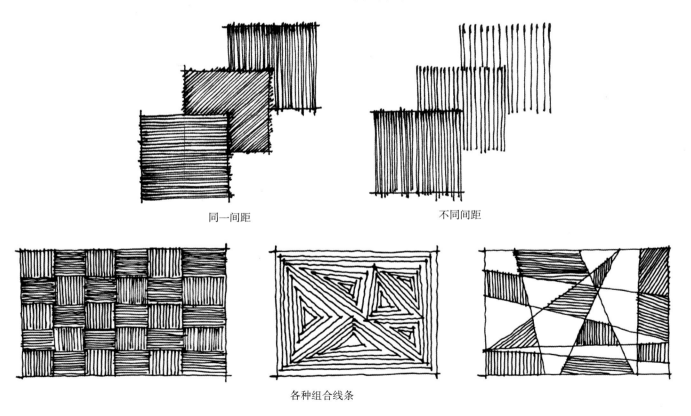

同一间距　　　　　　　　　　不同间距

各种组合线条

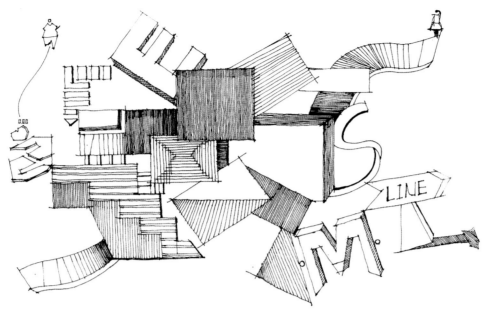

各种组合线条（续）

1.2.3 明暗体块训练

1. 透视

由于建筑物与画面间相对位置的变化，它的长、宽、高三组主要方向的轮廓线，与画面可能平行，也可能不平行，就会产生透视。透视是画图中极为重要的一个部分。手绘快速表现是为了传达设计师的设计想法，如果说线条是一张画的皮肤，色彩是一张画的衣服，透视则是这张画的骨骼。如果透视出现错误，那么各个景物构成、物体关系也会出现错误，马虎不得。

透视空间体现：近大远小、近实远虚、近明远暗、近纯远灰（色彩饱和度）。

（1）一点透视（又称平行透视、正面透视）：建筑物有一个方向的立面平行于画面，称为一点透视。

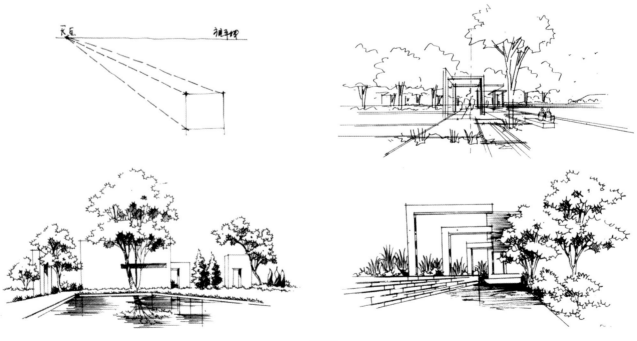

一点透视

（2）两点透视：如果建筑物仅有铅垂轮廓与画面平行，而另外两组水平的主向轮廓线，均与画面斜交，于是在画面上形成了两个灭点，这两个灭点都在视平线上，这样形成的透视称为两点透视。正因为在此情况下，建筑物的两个面均与画面成倾斜角度，故又称成角透视。

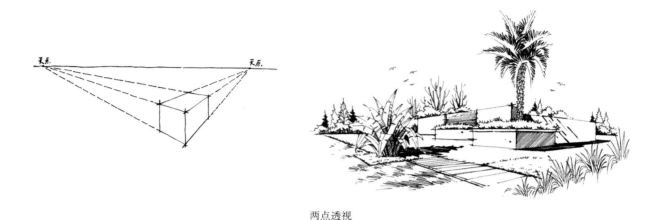

两点透视

（3）三点透视：当立方体的面及棱线都不平行于画面时，面的边线可以延伸为三个消失点，用俯视或仰视等去看立方体就会形成三点透视。鸟瞰透视是俯视的三点透视，轴测图也属于鸟瞰透视。

2. 基本形体

先画好透视形体，再通过排线表现阴影，体现光影变化。小面积的阴影可以直接平铺排线，大面积的阴影可以排线进行过渡，以不满当满，即透气又表现了光影原理。

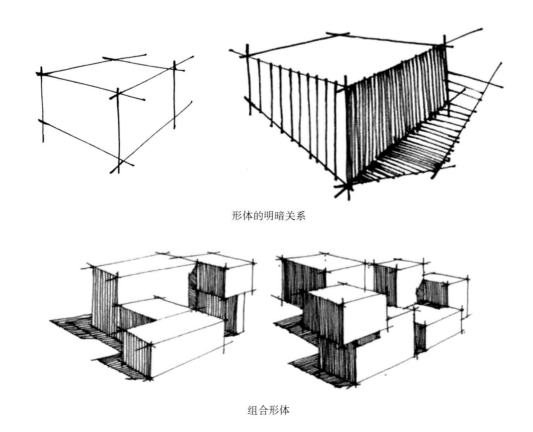

形体的明暗关系

组合形体

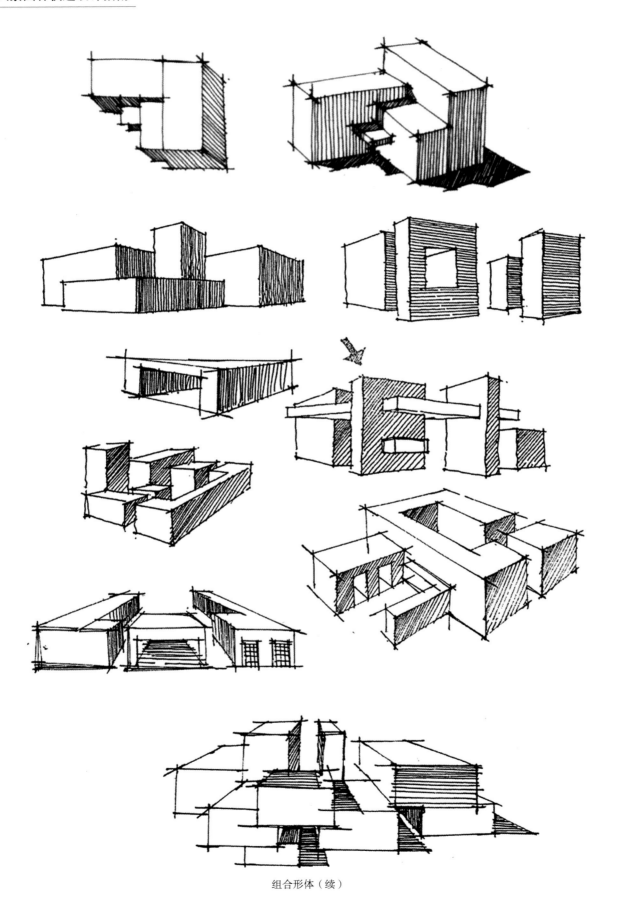

组合形体（续）

1.3　快题设计表现

1.3.1　马克笔上色表现

1. 体块组合

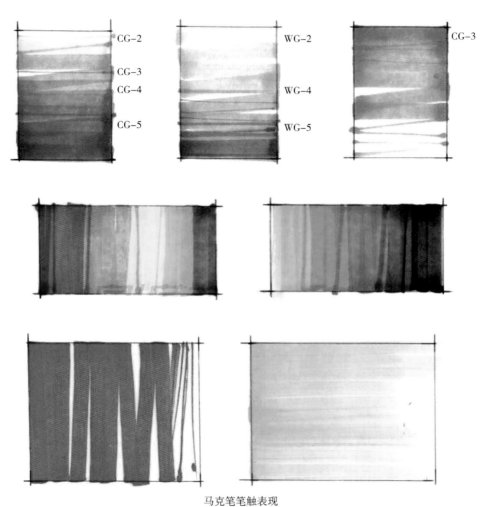

马克笔笔触表现

注：以上配色使用的马克笔品牌为 TOUCH 和凡迪。

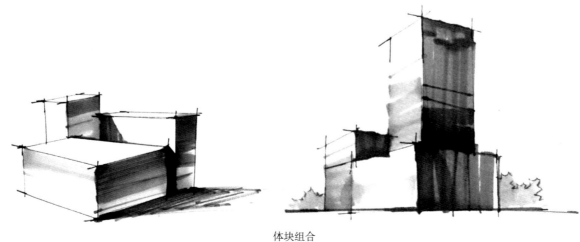

体块组合

2. 道路铺装

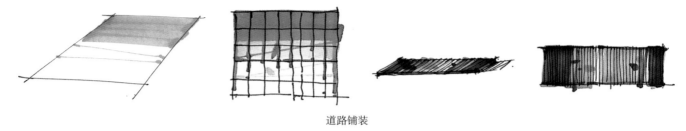

道路铺装

3. 玻璃

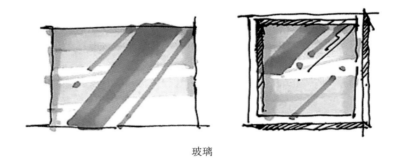

玻璃

4. 水线、草地

水线   草地

5. 立面树

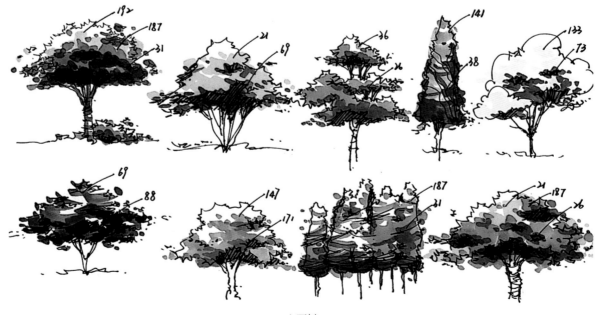

立面树

注：图中数字为凡迪马克笔色号。

1.3.2　平面图表现

1. 平面树的画法

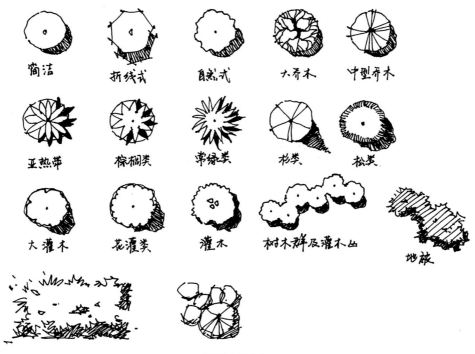

平面树的画法

2. 平面指北针、比例尺的画法

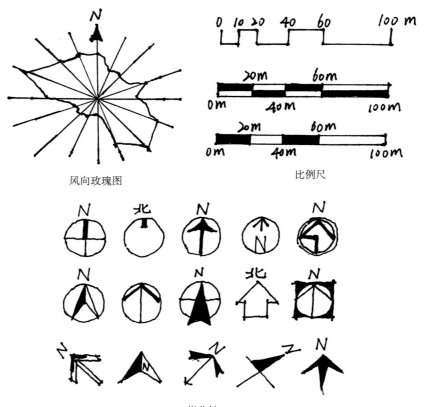

风向玫瑰图　　　　　　　　比例尺

指北针

3. 平面图的画法

（1）临摹阶段：应选取小面积的优秀作品或大面积地块中优秀节点进行临摹与借鉴。同时在临摹时绘制一幅平面结构图。所谓平面结构图就是将平面中的主要线条进行方与圆的抽象并映射到结构图中，即是把复杂平面符号化。

（2）设计阶段：这样积累到一定程度后可进行自我总结与设计。设计时遵循以下原则，黄金分割点原则、方与方穿插分割原则、圆与圆穿插分割原则、圆与方穿插原则。根据以上原则勾勒出大致平面图后进行平面图深化。

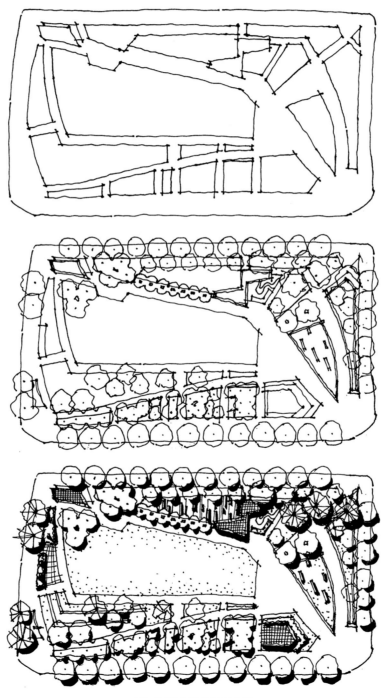

平面图线稿阶段绘制步骤

4. 平面图上色示范

步骤一：阴影。

上完整体墨线后，先用黑色马克笔把立体的植物和建筑、构筑物等物体统一加上 45°斜向上投影（华北地区），越高的物体投影越宽，如景墙、小品、栏杆等有镂空的部分需要留白。

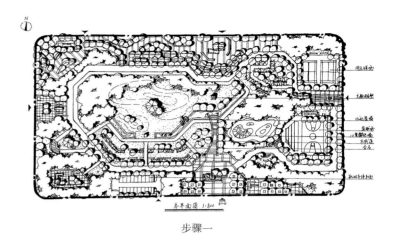

步骤一

步骤二：草坪和水体。

草坪：可以用凡迪马克笔 192 号（以下色号均为凡迪马克笔），或其他浅绿色均可。根据平面图光源方向，从暗面往两边运笔，草坪整体明暗关系为四周重、中间轻；再用 197 号或 195 号强化草坪的明暗关系，在周边加强。

水体：用 48 号 +143 号，即浅蓝 + 深蓝。先用浅色 48 号宽笔根据水沟的轮廓，用流畅笔触涂一遍颜色，再小笔触过渡到中间白色；再用 143 号深蓝色笔尖压重驳岸线部分。注意运笔时背光面笔触可宽一些，受光面笔触细一些。

步骤二

步骤三：点缀植物。

浅紫或浅红色叶树使用色号：147 号 +171 号或 133 号 +147 号，浅黄色叶树使用色号：70 号 +210 号 /201 号，注意处理点缀植物颜色时，尽量避免植物分布过于平均。色叶树在需要突出表现的节点如各类硬质小广场、草坪中央、水边添加，冠幅可以比 5m 行道树冠幅更大做散植或孤植，也可用来强调轴线。

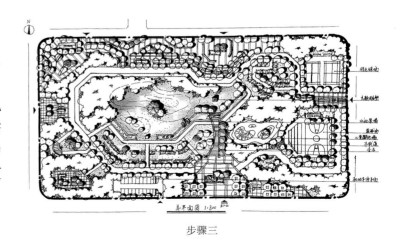

步骤三

步骤四：行道树和树群。

行道树颜色：197 号 +31 号或 195 号 +31 号。根据植物布局，先把道路两边的植物统一上色，然后一些单棵植物也适当一起上色，冷暖搭配。注意上色时在植物亮面适当留白，不能全涂。

树群颜色：140 号 +187 号。树群上色时可先用小笔触收边，然后从暗面往亮面过渡，也可平涂。一遍能画到位的话就不需要第二遍颜色。注意树群上色时笔触不宜太乱。

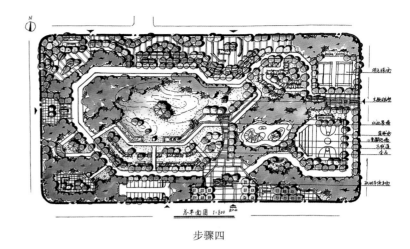

步骤四

步骤五：灌木和绿篱。

在画线稿时灌木面积不宜太大，要结合乔木一起画，或填补树群边缘的颜色，只需平涂，并且在题目尺度较小的情况下可以少量搭配彩色的花灌木球。绿篱应平涂。

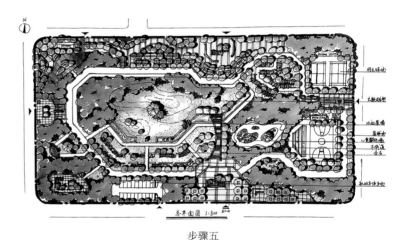

步骤五

步骤六：铺装和构筑物。

铺装上色需要由暗面往亮面过渡运笔，由深到浅，注意留白，再用笔触点缀，相似功能节点用一样的颜色，如街边广场均用灰色，中心广场用暖色，儿童活动区可以用蓝色、紫色、粉色等绘制突出，木制铺装和栈桥需要木色统一绘制。重要节点可以细化层次，两色搭配，而其他小节点平涂即可。

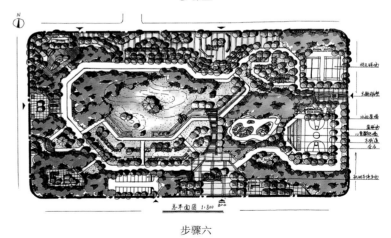

步骤六

1.3.3 剖立面图表现

1. 立面图

立面图通常反映重要景观节点的垂直设计状况，尺度不需过大，不宜全局表现。中心广场景观及周边景观节点是最好的选择。通过广场上建筑物、构筑物、植物的高低对比，以及各种材质的对比构成立面图完整的结构关系。

立面图绘制过程：

步骤一：选择好立面图的观看方位，用铅笔勾画出需要表现的场地范围，根据一定比例大致勾勒出景观构筑物的位置、高度以及植物的分布状况。

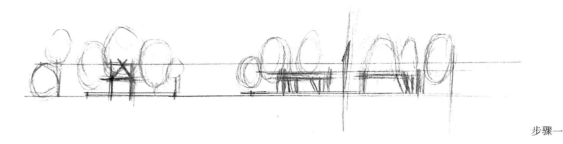

步骤一

步骤二：严格按照相应比例绘制，用针管笔确定各景观元素的具体细节，画出植物上中下三层的分布关系，使立面图的景观天际线更有韵律、更有节奏。

步骤二

步骤三：一般景观构筑物及小品以暖色调为主，植物的绿色种类在 3 ~ 4 种为宜。

步骤三

步骤四：调整整个立面的色彩和谐度，加强光影关系，注明图名、图例、比例尺。

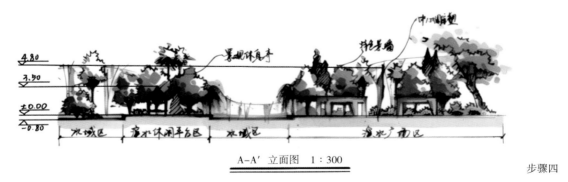

A-A'立面图　1:300

步骤四

2. 剖面图

如果说立面图是表现场地设计的外观，那么剖面图则更能突出场地的标高变化、地形特征、地形高差处理及植物的种植特征等，尤其是场地的高差处理能通过剖面图得到更好的认知，同时也可以更好地理解设计意图。

（1）注意事项：①被剖切到的剖面线用粗实线；②没剖到的主要可见轮廓线用中实线；③其余线条用细实线。

（2）剖面图主要元素的手绘表现要点。

1）植物。首先要考虑树木的高度和冠幅的大小，确定树的高宽比。其次要注意不同树木轮廓的差异性，理解受光情况，表现出树木的体积感与树木近、中、远的层次感。

2）水体。用细实线或虚线勾画出水体的造型，要注意水面与岸线的高差与衔接关系，还要注意水体底面的构成关系。

3）建筑。要注意建筑的形态比例与结构关系，还要注意建筑的投影关系，建筑与树木可以相互搭配，表现出所剖切的空间层次感。

4）地形。根据平面图的剖切位置，找出地形剖断线，并画出地形轮廓线，逐步呈现完整的地形剖面图。

剖面图绘制过程：

步骤一：剖面图一般选择地形变化较为丰富的景观节点，确定大致的地形高低变化、构筑物的大概位置、植物的分配状况。

主要轮廓表达

步骤二：画出剖切点断面的具体细节，包括对地平线以下所剖到物体的刻画，要着重表现地形空间的变化关系。

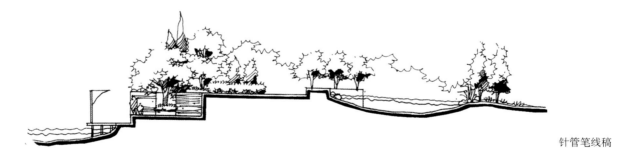

针管笔线稿

步骤三：首先确定画面的色调关系，剖面图中不同构筑物的颜色也要加以区别，雕塑等小品用突出一些的暖色，构筑物用灰一些的暖色。

剖面图上色

步骤四：完善剖面图中的植物关系，并进行标注。

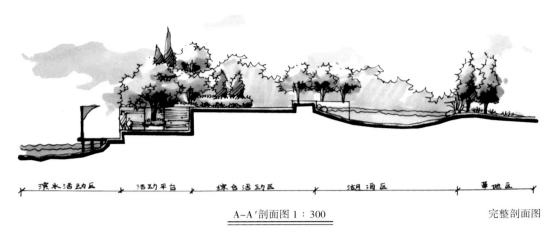

滨水活动区 · 活动平台 · 绿色活动区 · 湖泊区 · 草地区

A–A′剖面图 1:300   完整剖面图

1.3.4 效果图表现

效果图表现

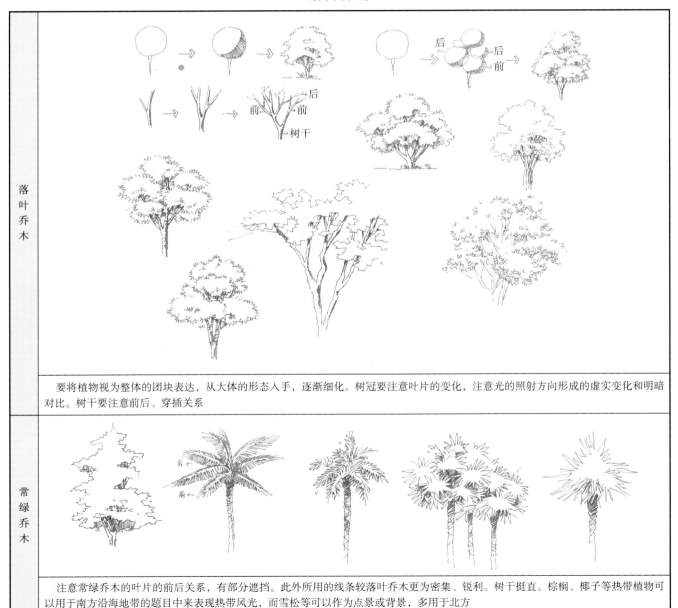

落叶乔木	要将植物视为整体的团块表达,从大体的形态入手,逐渐细化。树冠要注意叶片的变化,注意光的照射方向形成的虚实变化和明暗对比。树干要注意前后、穿插关系
常绿乔木	注意常绿乔木的叶片的前后关系,有部分遮挡。此外所用的线条较落叶乔木更为密集、锐利。树干挺直。棕榈、椰子等热带植物可以用于南方沿海地带的题目中来表现热带风光,而雪松等可以作为点景或背景,多用于北方

17

（续）

灌木绿篱	通常成组出现，表达时注意突出层次感。若将线"疏"的灌木置于线"密"的灌木前，则在视觉上会显得更丰富，因此可以用来丰富图面
草坪和地被植物	草坪和地被植物一般作为画面的前景起到烘托的作用，也是丰富图面的手段
植物组群搭配	植物有时候作为画面的配景，帮助设计者突出设计思想，应该表现出整个空间的层次和立体感，一般要分别绘制出远景、中景、近景的植物。近景植物如果是乔木，就需要刻画得具体细致，表现出树干的纹理质感，树枝互相交错，要注意前后的穿插；如果是灌木的话则应该表现叶形和明暗关系，或者直接用高度抽象化的线条去框定图面。中景植物需要表现出整株，远景植物表现出外轮廓即可

（续）

石头	
	石头可以看作是立方体的变体与组合。运笔要快，亮面使用细线表现光滑，在暗面则线条粗重。在缺口处和棱角处加深阴影，表现出锐利的感觉。建议与草本植物组合，以体现着地的效果。注意石头的大小相配
水体	
	景观水体大致可以分为静水和动水。动水表现活泼、热闹的气氛，静水则烘托安静、幽深的氛围。此外，水体可分为自然式和规则式。要因地制宜地布置水体的形式和大小，例如在公园中可以设计自然式水体供人游览，入口处可以用大型喷泉或旱喷增加序列感，而在有高差的地方则可以形成跌水景观。水景需要绘制水纹，在阴影处加强笔触

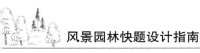

（续）

人物	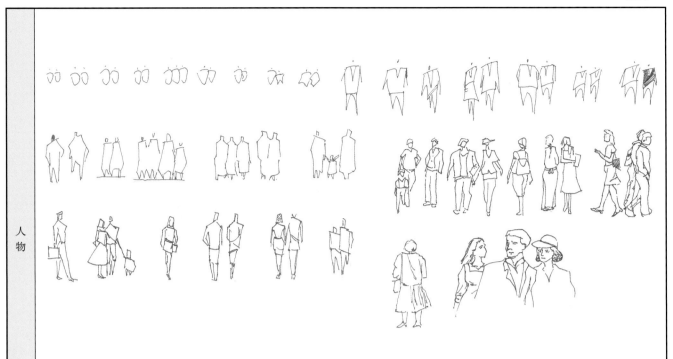
	人物作为配景，有活跃画面气氛和建立尺度感的作用，在绘制过程中要特别注意尺度准确，看着不违和。人物分为近景、中景、远景，人头需要位于同一水平线上。要学会儿童画法，通常带气球或者风筝即可
车	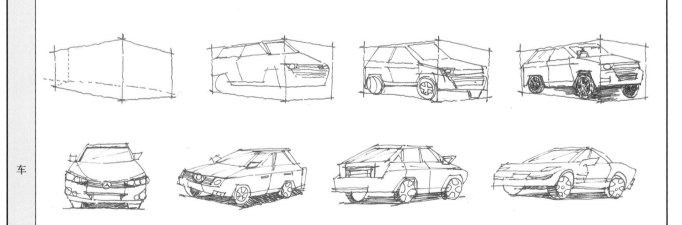
	车辆较为复杂，建议在快题设计中不要绘制

（续）

| 园林建筑 | 图中展示了一些亭子、廊架和景墙的画法。园林建筑的风格要和整体设计风格相呼应，可以作为点景，在效果图中重点展现 |
| 铺装 | 铺装的不同材料、造型会对于所处的空间产生很大的影响。在效果图中要特别注意透视要准确，样式丰富，但是不宜过于花哨而喧宾夺主 |

（续）

综合表现

　　人视点的透视图一般有一点透视、一点斜透视、两点透视的构图方式。整个画面要做到富有节奏感、主体明确、主题突出，切忌松散。一张完成度高的图一般分为前景、中景和远景，从前到后、由实到虚、由暖到冷。设计的中心一般置于画面的中前部，细节应当最为丰富，而其他部分可以适当简化，从而突出主体

效果图绘制过程：

步骤一：确定透视类型、灭点、视平线和地平线。视平线一般位于画面高度三分之一以上的部分，地平线稍微低一些。

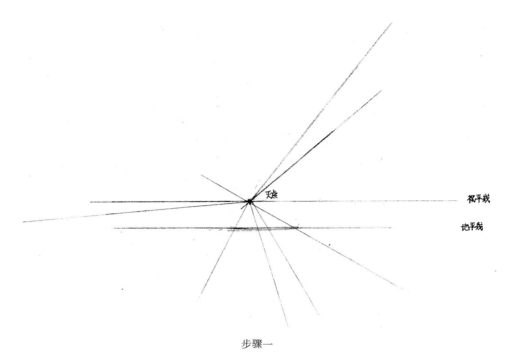

步骤一

步骤二：草图勾勒。确定视平线之后勾勒出各个区域的大致形状。把握从近到远的顺序，强调虚实、主次关系。从画面中前景（一般为主体所在位置）开始，勾勒主体构筑物等轮廓，再勾勒地面铺装、水体，最后勾勒植物，形成围合感。

步骤二

风景园林快题设计指南

步骤三：大体轮廓绘制。用墨线笔勾画出一些主要物体的轮廓。

步骤三

步骤四：添加细节阴影，完成线稿。为物体添加细节，例如植物的叶片、小品的花纹和铺装纹理等。在具备一定细节基础上先用墨线笔进行排线，绘制阴影来表现基本的黑白灰关系。

步骤四

24

步骤五：整体渲染。用一些较浅的颜色铺设画面物体的底色。

步骤五

步骤六：增加细节，完成上色。运用笔触来为初步的渲染加入一些深色。强调画面明暗关系，并且注意一些具有反射的物体，例如水、窗户、铺装上面应该要反射有别的颜色。

步骤六

1.3.5 鸟瞰图表现

鸟瞰图表现

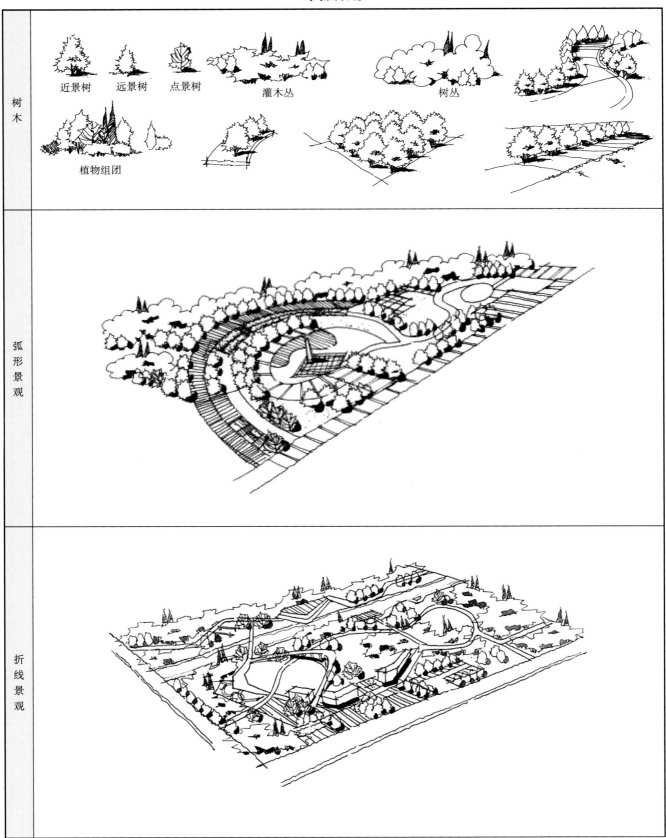

树木	近景树　远景树　点景树　灌木丛　　树丛 植物组团
弧形景观	
折线景观	

（续）

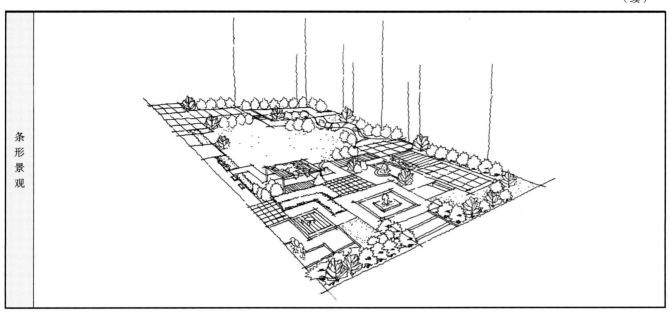

条形景观

鸟瞰图绘制过程：

步骤一：先确定地面的透视。确定视平线、灭点，选择合适的角度，把地块形状大致勾勒出来。透视角度大一些可以更多地展现设计内容。

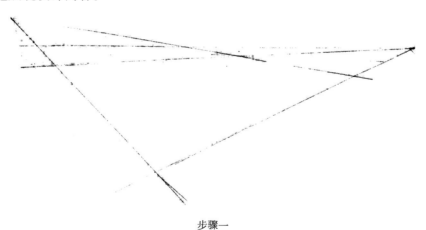

步骤一

步骤二：透视辅助线绘制。根据自己的需要，依照透视原理绘制一定数量的辅助线，可以帮助找到正确的透视关系。

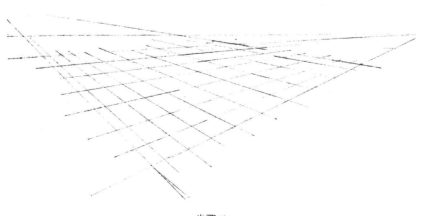

步骤二

（续）

步骤三：草图绘制。勾画出草地、广场等的轮廓。

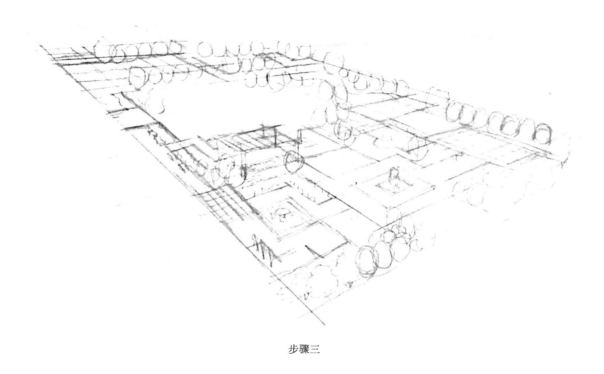

步骤三

步骤四：前景勾勒。

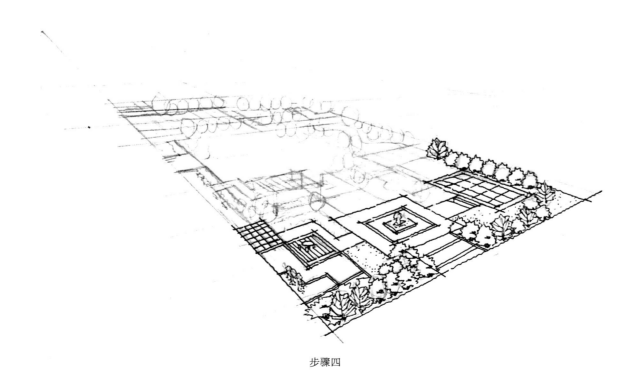

步骤四

步骤五：完成线稿。

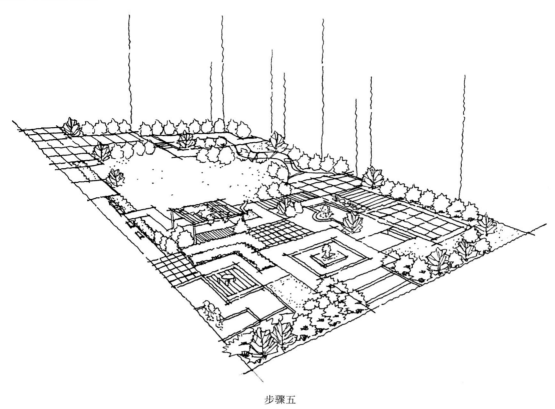

步骤五

步骤六：植物上色。草地可以选用亮一些的颜色来突出主体，树木的颜色要注意近处是暖色，远处变为冷色，并且乔木和灌木要有所区分。适当增加一些醒目的点景树。

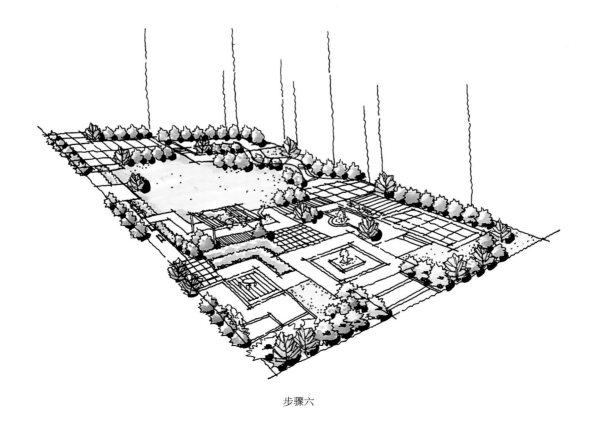

步骤六

步骤七：整体渲染。将广场和水体的颜色补全。要注意突出主体空间。

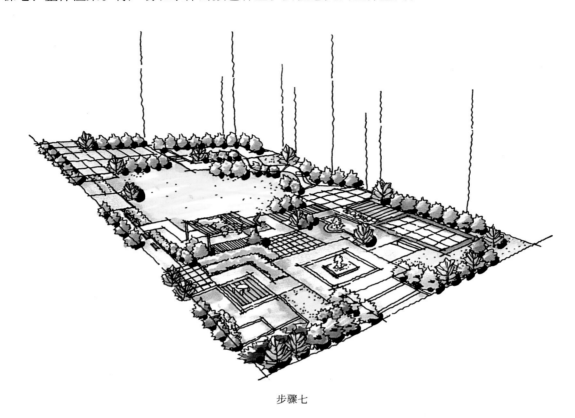

步骤七

步骤八：成图。运用笔触进行点缀。

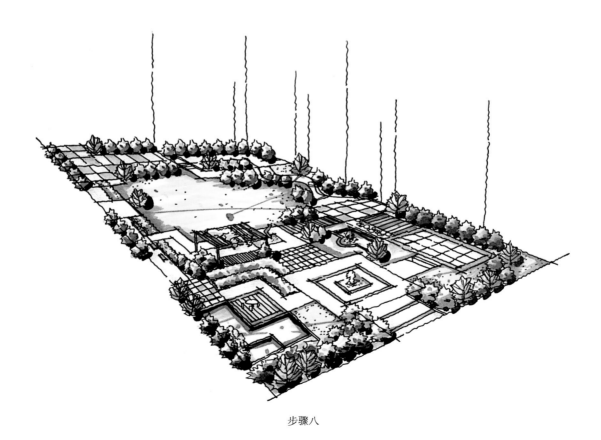

步骤八

1.3.6　扩初图表现

扩初图表现

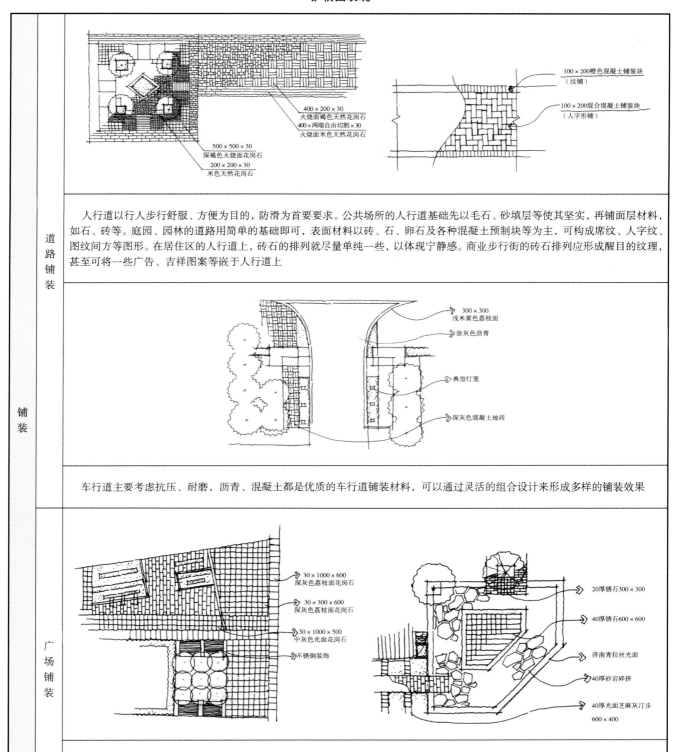

铺装	道路铺装	人行道以行人步行舒服、方便为目的，防滑为首要要求。公共场所的人行道基础先以毛石、砂填层等使其坚实，再铺面层材料，如石、砖等。庭园、园林的道路用简单的基础即可，表面材料以砖、石、卵石及各种混凝土预制块等为主，可构成席纹、人字纹、图纹间方等图形。在居住区的人行道上，砖石的排列就尽量单纯一些，以体现宁静感。商业步行街的砖石排列应形成醒目的纹理，甚至可将一些广告、吉祥图案等嵌于人行道上
		车行道主要考虑抗压、耐磨，沥青、混凝土都是优质的车行道铺装材料，可以通过灵活的组合设计来形成多样的铺装效果
	广场铺装	广场整体铺装多采用尺寸大的方砖、石板、预制混凝土块等材料，特别在材质、色彩的选择和铺装砌块的接缝设计上应与空间尺度相适合。其铺砌方法与人行道铺砌方法相似，但注意广场铺装应给人以方向感，通过纹样布向和铺砌的图案引导人们通往目的地。广场铺装应与周围的环境，特别与建筑物形成良好的协调性，尽可能创造出有该地区特点的铺装景观，同时保持视觉上的整体感，没有特殊目的不要任意改变相邻的铺装材料和形式，以免引起空间的混乱

（续）

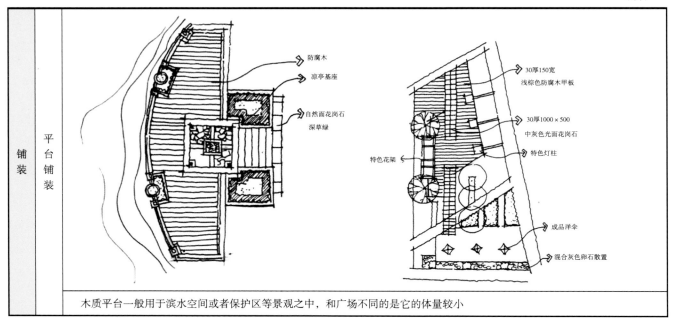

铺装	平台铺装	

木质平台一般用于滨水空间或者保护区等景观之中，和广场不同的是它的体量较小

铺装汇总：

1. 花岗石

（1）常用规格：300mm×300mm、400mm×200mm、600mm×300mm、600mm×600mm，厚度30～60mm（人行道30mm，车行道50mm）。

（2）颜色：白色——芝麻白、珍珠白、山东白麻；灰色——芝麻灰、鲁灰、章丘灰、珍珠灰；黄色——黄锈石、虎皮黄、黄金麻、金钻麻、菊花黄；红色——五莲红（浅色）、樱花红（浅色）、中国红（深色）、新疆红、锈板；绿色——万年青、森林绿、菊花绿；黑色——芝麻黑、中国黑、蒙古黑、福鼎黑、黑金沙；棕色——英国棕。

（3）面层：机切、自然面、抛光、烧毛、凿毛、荔枝面、机刨、剁斧。

2. 水泥砖

（1）常用规格：200mm×100mm、400mm×200mm。

（2）颜色：浅灰色、深灰色、黄色、红色、棕色、咖啡色。

3. 透水砖

（1）混凝土透水砖：常用规格200mm×100mm、300mm×150mm、230mm×115mm，厚度60mm，颜色为浅灰色、中灰色、深灰色、红色、黄色、咖啡色。面层质感较粗糙，与水泥砖相比有较大的孔眼。

（2）陶质透水砖：常用规格200mm×100mm、200mm×200mm，厚度60mm，颜色有浅灰色、深灰色、铁红色、沙黄色、浅蓝色、绿色。面层细腻，颗粒均匀。

（3）全瓷透水砖：常用规格为200mm×100mm、200mm×200mm、250mm×250mm、300mm×300mm，颜色有浅灰色、深灰色、红色、黄色、浅蓝色，面层细腻，颗粒均匀。

4. 石板

较薄弱的天然石材，可以分为板岩和砂岩。

（1）常用规格：200mm×100mm、200mm×200mm、300mm×150mm、300mm×300mm、400mm×200mm、400mm×400mm，厚度50～60mm。当作为碎拼使用时，一般使用规格为边长300～500mm，当

作为汀步时，一般使用规格为 600mm×300mm、800mm×400mm，或者为边长 300 ~ 800mm 的不规则石板，直接放置于绿地内。

（2）颜色：青色、黄色、黑色、锈石，红色。

（3）面层：自然面、蘑菇面。

5. 卵石

豆石、水洗石、雨花石。

6. 木材

不同树木制成的防腐木，常用作木平台、木栈道或者桥的铺装。最大长度 4m，宽度 95mm、100mm、150mm、200mm，厚度一般为 50mm。

7. 烧结砖

利用建筑废渣或岩土、页岩等材料高温烧结而成的非黏土砖叫作烧结砖。

（1）常用规格：100mm×100mm、200mm×200mm、200mm×100mm、230mm×115mm，厚度 50mm。

（2）颜色：深灰色、浅咖啡色、深咖啡色、黄色、红色、棕色等。

8. 盲道砖

盲道中含有导向砖和止步砖两种不同功能的砖块。常用规格为 200mm×200mm、250mm×250mm，盲道的宽度一般在 400 ~ 600mm 之间。

9. 嵌草砖

为预留种植孔的水泥砖。

10. 生态透水石类

碎石、卵石或其他颗粒状物质与着色剂和高强黏结剂混合制成。

植物汇总：

1. 北方植物

（1）基调树（行道树等）：梧桐、国槐、杨、柳、榆、白蜡、栾树、臭椿等。

（2）点景树（彩叶植物）：紫叶李、银杏、红枫、黄栌、红叶石楠、海棠、榆叶梅、紫丁香、紫藤、山杏、山桃等。

（3）常绿树种：白皮松、油松、雪松、红豆杉、侧柏。

（4）灌木地被：珍珠梅、二月兰、绣线菊、阔叶麦冬、沿阶草、中华常春藤。

2. 植物群落模式（乔—灌—草搭配）

（1）毛白杨—元宝枫 + 碧桃 + 山楂—榆叶梅 + 金银花 + 紫枝忍冬 + 白皮松（幼）—玉簪 + 大花萱草。

（2）银杏 + 合欢—金银木 + 小叶女贞—品种月季—早熟禾。

（3）国槐 + 桧柏—裂叶丁香 + 天目琼花—崂峪苔草。

（4）毛白杨 + 栾树 + 云杉—珍珠梅 + 金银木—崂峪苔草。

（5）臭椿 + 元宝枫—榆叶梅 + 太平花 + 连翘 + 白丁香—美国地锦 + 崂峪苔草。

（6）毛白杨 + 桧柏—天目琼花 + 金银木—紫花地丁 + 阔叶土麦冬。

（7）华山松 + 馒头柳 + 西府海棠—紫丁香 + 紫珠 + 连翘—崂峪苔草 + 早熟禾。

（8）国槐 + 白皮松—花石榴 + 金叶女贞 + 太平花—崂峪苔草。

（9）大叶白蜡 + 馒头柳 + 桧柏—麻叶绣线菊 + 连翘 + 丁香—宽叶麦冬。

（10）悬铃木 + 银杏 + 桧柏—胶东卫矛 + 棣棠 + 金银木—扶芳藤 + 崂峪苔草。

1.3.7 分析图表现

分析图能着重反映方案的设计思路，反映设计者关于交通道路组织、功能分区分析和景观节点设置等的考虑，需要在草图阶段就构思完成，而不是在最后交图时刻补图。

分析图包括交通流线分析图（包括主流线、次流线或一、二、三级道路，可适当添加特色道路），景观视线分析图（包括站点、视线和景观节点，可适当画出主要道路流线），功能区分析图（合理安排场地功能），空间结构分析图（主轴线、次轴线、核心空间等）。

（1）分析图可以辅助阅卷人理解设计方案。

（2）分析图要求标注明确，图例清晰，强调重点，颜色协调，位置及大小恰当，三个一组排列在平面图旁边，便于老师阅卷。

（3）要注意专类分析，切莫填图或者一图多用。注意题目是否要求专门画某一类分析图。

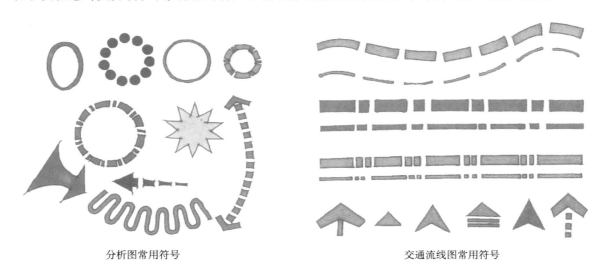

分析图常用符号　　　　　　　　　　交通流线图常用符号

1. 功能分区图

功能分区图是在平面图的基础上以线框简单地勾画出不同功能性质的区域，并给出图例，标注不同区域的名称。功能分区的线框通常为具有一定宽度的实线或虚线，功能区的形态根据表达的意图可以是方形、圆形或者不规则形，每个区域用不同的颜色加以区分。

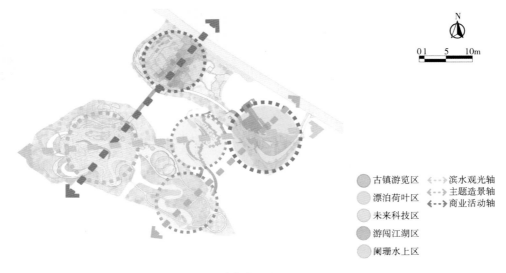

功能分区图

2. 景观结构图

景观结构图包括出入口景观、景观节点、景观轴线、主要道路、水系关系等。出入口可以用箭头表示；景观广场、景观节点可以用圆形图例表示；景观轴线、主要道路可以用直线、曲线表示；水系一般用蓝色线条勾勒出轮廓表示。

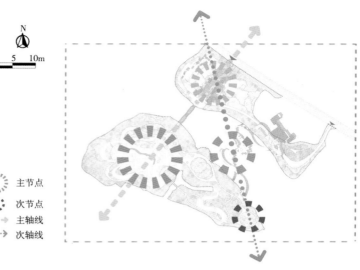

景观结构图

3. 视线分析图

视线分析图主要表达景点之间视线上的联系，包括主要观景点的视点、视线、视距、视角等。

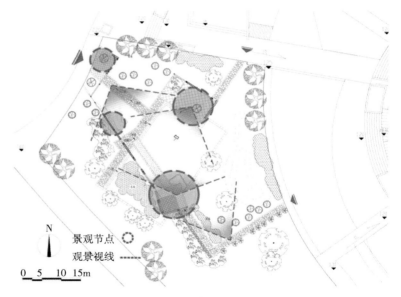

视线分析图

4. 交通分析图

交通分析图主要表达出入口和各级道路之间的流线关系。绘制交通分析图应当明确分清基地周边的主次道路、基地内的各级道路和交通组织及方向、集散广场和出入口位置，以不同的线条与色彩标注出不同道路流线，利用箭头标注出入口。通常可以用具有一定宽度的点划线或虚线表示道路，道路的等级越高，线条越粗。

交通分析图

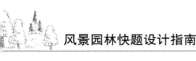

1.3.8 设计说明

设计说明应简洁扼要地表达设计意图、内容设计、场地分析、概念、立意、功能结构、交通流线、视觉景观、植物规划和预期效果等。每个要点一两句话概括即可，形式上排列整齐，字体端正，每个段落可以提炼出一个关键词，或在段落前加上序号和符号，给人以思路清晰、条理分明的感觉。

1.3.9 定稿与排版

排版的基本原则是：虽然快题设计考查的是设计者的方案设计和表达计者的修养和基本功，但整洁美观的图面将给评阅人以良好的第一印象力，同时，有经验的评阅人完全可以从排版情况和图面的整体效果判断出具体设想。排版时注意把重要的图放在整张图纸的视觉中心。

一套完整的快题设计图中，排版给人的视觉效果是最直观的，合理的版式设计可以加快画图速度，并且在一定程度上影响整体效果。因此，要使图面饱满，满足题目要求，图与图之间具有几何联系，看起来要像一张图。首先，图纸内容要主次安排有序，平面图所占面积最大，位置最为醒目，常用剖立面图、鸟瞰图放在图底部用来压图，以保证图纸的整体节奏。要注意字体清晰，色彩选择与画面整体统一，整张图面字体协调。

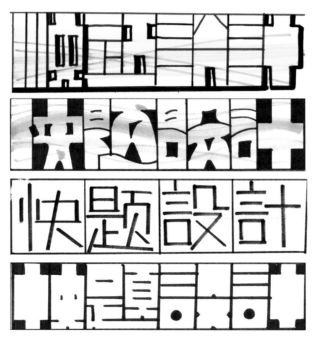

标题设计

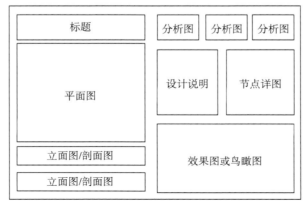

版面设计

03

上色

- 阴影：平面图植物和构筑物，注意投影方向统一
- 鸟瞰图植物和构筑物，注意投影方向统一
- 一种颜色全部上完之后再换，先铺好大关系（草坪+水+树群+行道树），再细化铺装、色叶树种等

04

文字

- 平面图：节点+图名+比例尺+指北针+台阶标高+坡度+等高线+周边环境
- 剖立面图：图名+比例尺+标高
- 节点标注+植物+平面图的剖切符号
- 分析图：图名+图例
- 鸟瞰图：图名
- 扩初图：图名+比例尺+平面的位置标注+植物和铺装的用材标注
- 效果图：× 节点效果图
- 设计说明：分段分点，重要部分可以
- 换字体大小、粗细、颜色

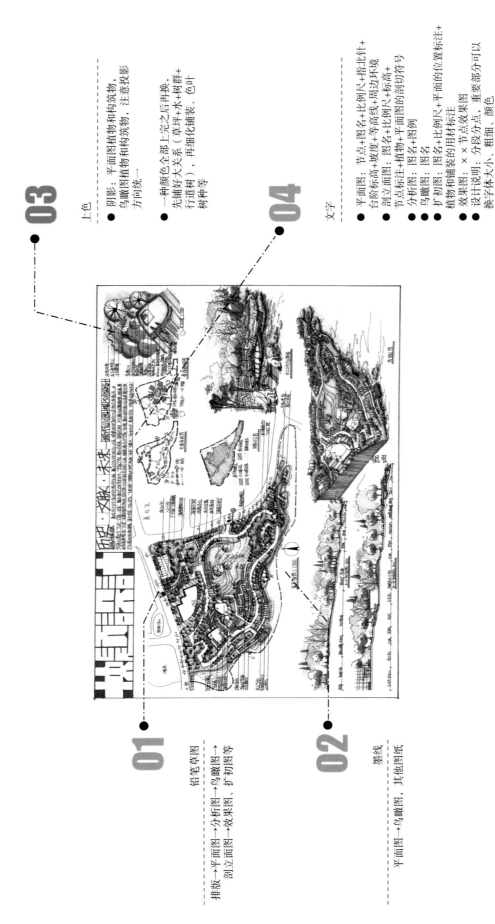

风景园林快题设计图面完整表达

01

铅笔草图

排版→平面图→分析图→鸟瞰图→剖立面图→效果图、扩初图等

02

墨线

平面图→鸟瞰图、其他图纸

37

第2章 风景园林快题设计的起点与过程

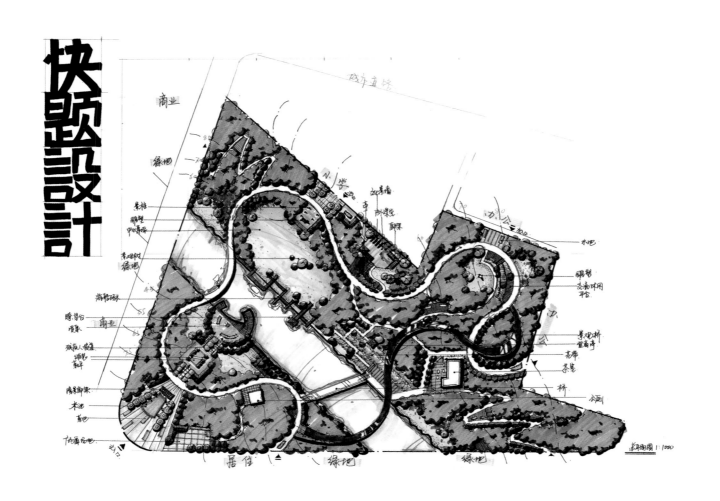

2.1 导语

2.1.1 概念

（1）快题设计：又称快速设计、快图设计，是指在限定的较短时间内完成设计方案的设计构思和表达的过程及其成果，是方案设计的一种特殊表现形式。

（2）风景园林快题设计：是将具有城市空间性质的场所功能进行分析，并将空间、植物、人群行为等一系列景观元素进行合理处理和艺术化表现。

（3）高分快题 = 设计（抓大放小，解决主要问题）+ 表现（中等偏上，简洁清晰）。

2.1.2 特点

（1）时间短任务重，方案需高度概括。

（2）考察扎实的基本功和一定的设计技巧。

（3）题目类型较为常见，如广场、公园、庭院、居住区、校园、滨水区、建筑外环境等。

（4）基地比较宽松，有一定发挥余地。

（5）在考研中，风景园林快题设计属于专业课科目，分数占比最大，前期打好基础才能后期为其他科目让路。

2.1.3 时间安排

快题设计时间安排（以 3h 为例）

步骤	内容	用时（min）
审题	至少三遍，列出题点	5
立意	特色理念 + 概念演变	5
草图	出入口 + 泡泡图 （地形、水体处理 + 路网 + 功能分区 + 轴线、视线）	10 ~ 15
定稿排版	边框、标题、各图位置及大小	10
方案设计	草图细化，构图形式 + 节点组织	平面图：30 鸟瞰图：15 剖立面图：15（两个） 分析图：10 效果图：5 扩初图：5
完善成图	铅笔稿	
	墨线稿	35 ~ 40
	上色	25
	文字标注，设计说明	5
检查	再度审题，检查信息	5

2.2 过程与方法

方案设计的四大步骤：审题→立意→构思→完善成图。

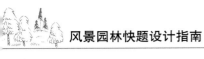

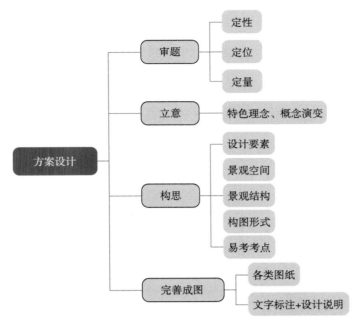

方案设计四大步骤思维导图

2.2.1 审题

审题三步走：一定性，二定位，三定量。需要我们简化题目信息，进行分类，找出题点（亟待解决的主要问题）。

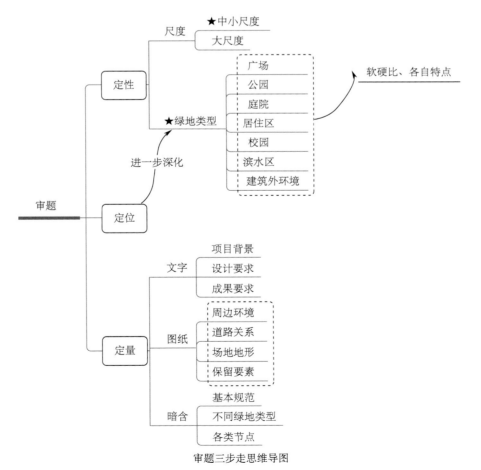

审题三步走思维导图

40

1. 定性

（1）尺度：体现了设计者最基本的尺度感，对于不同尺度地块要学会分别处理见下表。

不同尺度地块特点及处理方法

尺度	面积	绿地类型	地形	路网	分区	其他
中小	≤ 5ha	广场、公园、庭院、居住区、校园、滨水区、建筑外环境	相对容易；无高差或较为明晰的高差走向	不必严格划分，有主次路之分即可	不甚明显，要考虑到服务人群和周边环境	更注重细节设计，如座椅设计、更有层次的植物设计、铺装设计、灯具设计等更易走形式
大	> 5ha	大尺度公园	出现多处山包，甚至陡坎注重山水格局	偏重规划，注重道路体系的构建等级严格，一级成环，二级成网，三级丰富	必须有多个明确的功能分区	对于整体空间关系的把控和轴线设计有很高的要求需要设计各类服务建筑，如茶室、游客中心、公厕等

（2）绿地类型：

包括广场、公园、庭院、居住区、校园、滨水空间、建筑外环境等。大类可分为三类：广场、公园、绿地。

1）软硬比：广场绿化面积应不少于25%，广场的软硬比为4∶6或3∶7；公园绿地率宜大于50%，公园与广场相反，甚至出现软硬比为8∶2等的情况；绿地的软硬比为5∶5。

2）空间营造：广场整体开放性更强；公园更加注重路网设置和丰富的功能分区；绿地兼而有之。

不同绿地类型的软硬比、尺度及特点

绿地类型	软硬比	尺度	特点
广场	4∶6/3∶7	中小	需快速通达，活动多样，旷而不空，聚集人流不一定有明确边界的道路
公园	6∶4/7∶3	中小	如专类园，主题公园，街头游园以游览性和趣味性为主，增加停留空间
公园	6∶4/7∶3/8∶2	大	对硬质面积有一定要求注重山水格局，对道路体系要求高，至少三级具有丰富的功能分区，注意对轴线的把控
庭院	5∶5/6∶4	中小	面向人群，私密性强，植物配置丰富注重与建筑的结合，尺度亲切宜人
居住区	5∶5/6∶4	中小	设置消防环路，注重健身休闲、居民文化
校园	5∶5/6∶4	中小	注重可达性，师生交互，体现校园文化
滨水空间	5∶5	不定	注重防洪针对不同水位作退台处理，建立滨水道路体系驳岸生态应少硬质
建筑外环境	不定	中小	形式与建筑相贴，符合建筑规范面向人群

2. 定位

定位是定性的进一步深化，也是第二步立意的前提。定位主要取决于周边环境、服务人群等，如：通过宣传企业文化，展示企业形象的城市窗口（工厂办公区绿地设计）；面向疗养院内部人群的山地疗养康复景观（山地庭院设计）；体现水文化的青少年科普公园（中小型城市主题公园设计）等。有时候题目直接限定。

3. 定量

（1）文字：包括项目背景、设计要求、成果要求等。

1）项目背景：要学会简化题目。

①区位分析：北方或南方→植物选择＋用水面积控制。

②气候条件：温度、风向（防风林、遮阴的处理）。

③地形地貌：有高差，等高线的梳理＋高差处理；无高差，适度进行竖向设计。

④所处位置：开放性或私密性（决定空间营造及入口位置）。

⑤保留要素：保留树、建筑、原有道路、原有水体等。

2）设计要求：题目明确给出的重要题点。

①地形：交通，车行道、停车场、高架桥等。

②水体：保留水体、防洪或自行设计水池。

③植物：根据××地区自然条件选择树种。

④建筑：设计服务类建筑（茶室、厕所、管理用房、游客中心等）、亭廊等，进行外环境处理等。

⑤场地：集散广场、运动场、洽谈区等。

⑥其他：灯具、铺装、生态（雨洪管理）、设计风格、绿地率等。

3）成果要求：不缺图，不错图。

基础要求："至少×个"即 按最低数量画；图名、比例不能错。

拔高要求：①平面图难以体现的部分，可在剖立面图、效果图中强调，如雨水花园、特色景墙等；②鸟瞰图属于效果图，在题目没有明确要求的情况下建议画鸟瞰图；③生态技术，推荐画剖面原理示意图；④分析图可加概念演变图。

（2）图纸。包括周边环境、道路关系，场地地形，保留要素等。首先要看清楚用地面积和红线范围。

1）周边环境。

①居住区：开设次入口，便于居民通达（前提是有道路毗邻，能否开口比较有争议）；设置老人健身区＋儿童活动区（入口附近）；外围用云树围合，降噪。

②商业街：设置人流集散区，体现商业文化，营造娱乐氛围。

③商业区：私密高级的洽谈区域＋街头开放空间。

④建筑物：设置前广场，高层建筑需考虑鸟瞰的观景效果。

⑤高校：科普节点（户外课堂＋湿地体验＋密林探索＋植物迷园）＋师生交互。

⑥办公区：健身区、休闲广场（举办活动＋体现企业文化）；外围用云树围合，降噪。

⑦滨水：滨湖或滨河，人工河道或自然水系→视线导向水面＋驳岸处理＋防洪。

2）道路关系：指场地周边的道路关系，和周边环境一同决定主次入口的位置。

①城市快速路不能开设出入口。

②主干道原则上不能开设机动车出入口，但确实需要可设置，须离交叉口80m以上。

③次干道开设出入口须离交叉口50m以上。

④地铁口、人行天桥30m范围内不宜开设机动车出入口。

⑤桥梁、隧道、高架不宜开设出入口。

3）场地地形。

①考虑红线内外高差有无，若有，则需考虑无障碍设计和高差处理，且不能开设机动车出入口。

②考虑场地内高差有无，因地制宜进行竖向设计，高差是考察重点。

4）保留要素：植物、建筑、道路、水体等。

（3）暗含：包括基本的各类规范、不同绿地类型的处理，及不同景观节点的设计等。

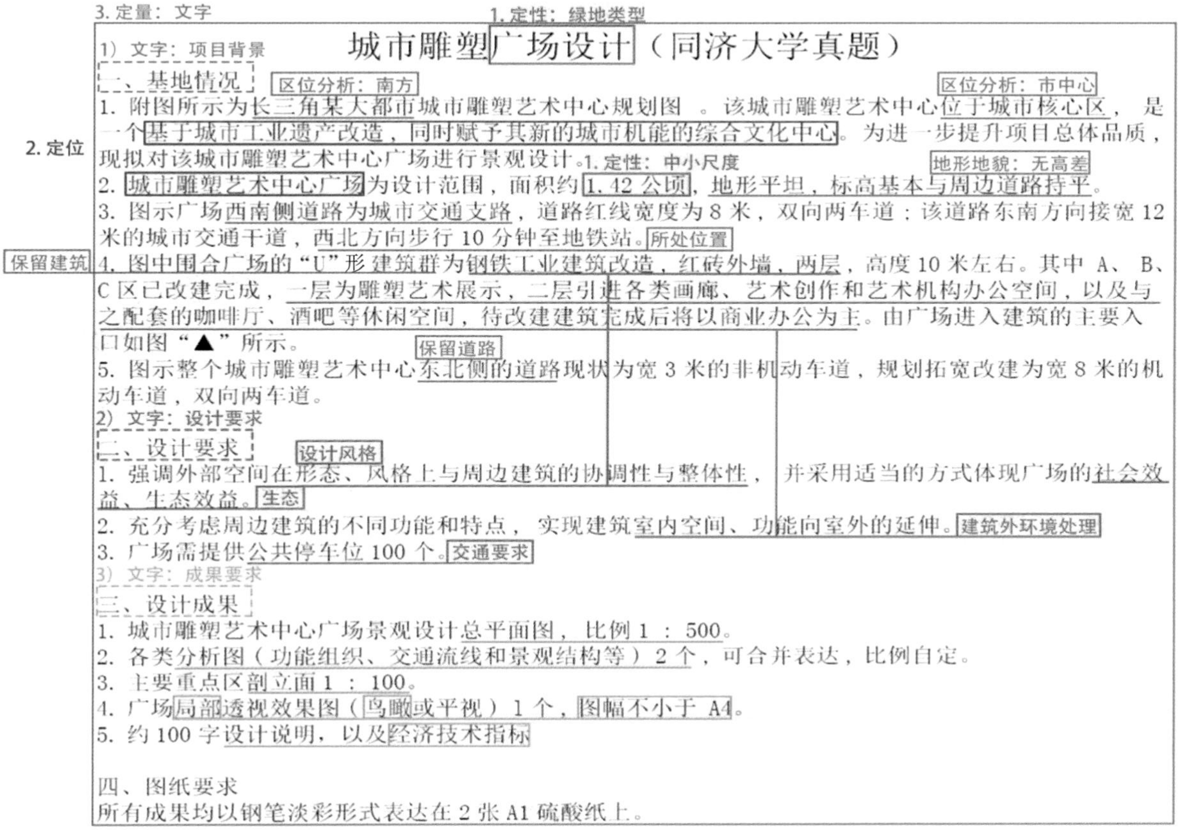

3. 定量：文字　　　　　　　　1. 定性：绿地类型

城市雕塑广场设计（同济大学真题）

1）文字：项目背景

2. 定位

一、基地情况　　　　　　　区位分析：南方　　　　　　　　　　　　　　区位分析：市中心

1. 附图所示为长三角某大都市城市雕塑艺术中心规划图。该城市雕塑艺术中心位于城市核心区，是一个基于城市工业遗产改造，同时赋予其新的城市机能的综合文化中心。为进一步提升项目总体品质，现拟对该城市雕塑艺术中心广场进行景观设计。1. 定性：中小尺度　　　　　　地形地貌：无高差

2. 城市雕塑艺术中心广场为设计范围，面积约1.42公顷，地形平坦，标高基本与周边道路持平。

3. 图示广场西南侧道路为城市交通支路，道路红线宽度为8米，双向两车道；该道路东南方向接宽12米的城市交通干道，西北方向步行10分钟至地铁站。所处位置

保留建筑 4. 图中围合广场的"U"形建筑群为钢铁工业建筑改造，红砖外墙，两层，高度10米左右。其中A、B、C区已改建完成，一层为雕塑艺术展示，二层引进各类画廊、艺术创作和艺术机构办公空间，以及与之配套的咖啡厅、酒吧等休闲空间，待改建建筑完成后将以商业办公为主。由广场进入建筑的主要入口如图"▲"所示。

保留道路

5. 图示整个城市雕塑艺术中心东北侧的道路现状为宽3米的非机动车道，规划拓宽改建为宽8米的机动车道，双向两车道。

2）文字：设计要求

二、设计要求　　　设计风格

1. 强调外部空间在形态、风格上与周边建筑的协调性与整体性，并采用适当的方式体现广场的社会效益、生态效益。生态

2. 充分考虑周边建筑的不同功能和特点，实现建筑室内空间、功能向室外的延伸。建筑外环境处理

3. 广场需提供公共停车位100个。交通要求

3）文字：成果要求

三、设计成果

1. 城市雕塑艺术中心广场景观设计总平面图，比例1：500。

2. 各类分析图（功能组织、交通流线和景观结构等）2个，可合并表达，比例自定。

3. 主要重点区剖立面1：100。

4. 广场局部透视效果图（鸟瞰或平视）1个，图幅不小于A4。

5. 约100字设计说明，以及经济技术指标

四、图纸要求

所有成果均以钢笔淡彩形式表达在2张A1硫酸纸上。

3. 定量：图纸

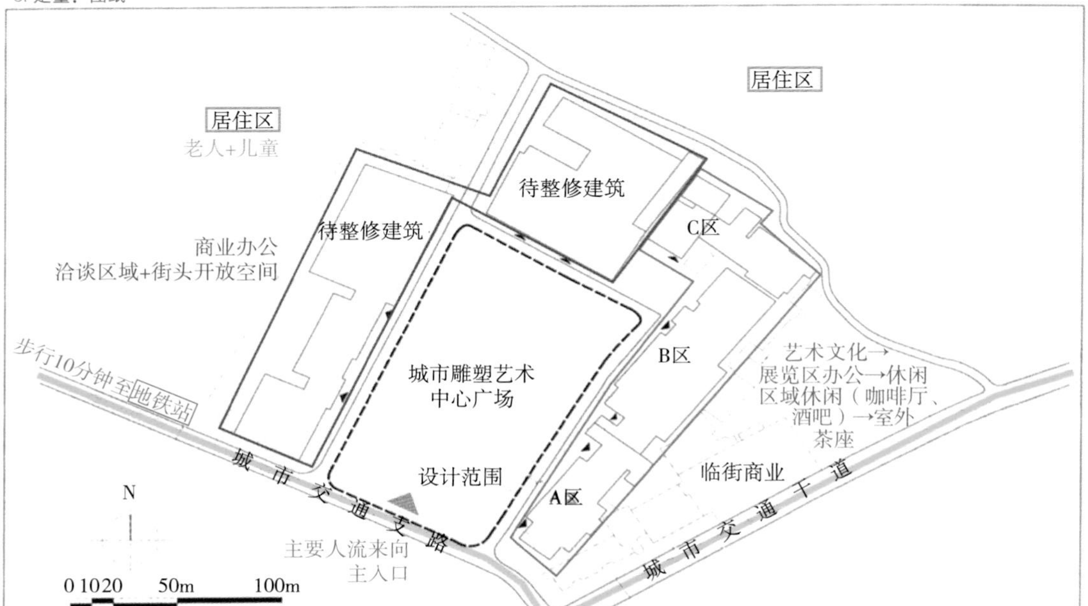

基地现状图

审题三步走实例分析

2.2.2 立意

1. 简介

根据定性和定位,提出立意。立意体现了方案的亮点并统筹整个设计的线索,我们常称之为"特色理念""概念演变""设计主题"等,用图示语言讲好一个故事,营造叙事性景观。

2. 应用

快题设计中一般可从文脉延续、生态强化等角度切入,作为标题写于图纸上方醒目处,是充实设计说明文字的重要思想内容。设计阶段须紧紧围绕该主题展开,包括构成形式、节点设计等。

3. 积累

(1)前期学习案例文本,化为己用,分类记录。

(2)后期开始真题练习,保留好用的万能主题,并分类。如,历史文化广场:历史·文脉·未来。

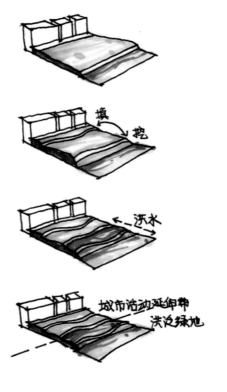

滨水:城与水的互动

绿地:与自然交融

黄浦江两岸南延伸段徐汇区滨江绿带实施方案国际竞赛主题:"水波再兴——城市水岸空间新诠释"

2.2.3 构思

1. 设计要素

(1)地形。地形是外部空间中一个非常重要的因素,直接影响着外部空间的美学特征、人的空间感,影响视野、排水、环境的小气候以及土地的功能结构,是所有设计要素赖以支撑的基础平面。如何塑造地形,直接影响建筑物的外观和功能,影响植物的选用和布置,也影响铺地、水体以及其他诸多因素。因此,地形在设计过程中是首要考虑的因素之一。

1)分类。

①区域范围:山区、丘陵、草原、平原、高原、盆地等自然,称为"大地形"。

②园林空间范围:平坦地形、土丘、台地、斜坡、凹地等,或因台阶和坡道所引起的平面变化的地形,称为"小地形";沙丘上微弱的起伏、波纹或道路与场地上不同质地的变化,称为"微地形"。

2）地形的空间感。

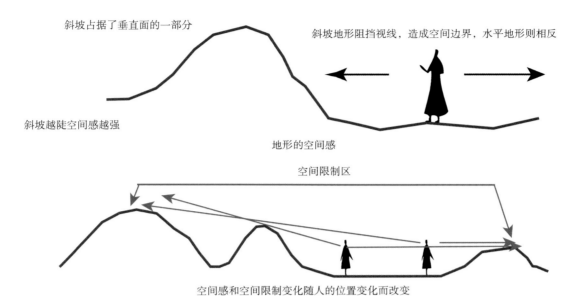

斜坡占据了垂直面的一部分

斜坡地形阻挡视线，造成空间边界，水平地形则相反

斜坡越陡空间感越强

地形的空间感

空间限制区

空间感和空间限制变化随人的位置变化而改变

3）用地形控制视线。在垂直面中，地形影响可视目标与可视程度，构成引人注目的透视线，并创造出景观序列或景观的层次，抑或彻底屏障不需要的因素。

空间视野范围

空间视野范围示意图

如杭州太子湾公园，用挖池掘溪、堆丘开路的办法，大刀阔斧地改造过于低平的地形和不够活泼自然的西湖引水明渠，组织和创造池、湾、溪、坡、坪、林、山麓平台、林中空地、疏林草地等大大小小、虚虚实实的园林空间。

望山坪

岛

琵琶洲

逍遥坡

无曜山

钱塘江入水口

杭州太子湾公园

（2）植物。植物是园林设计中最重要的要素，植物与其他设计要素的不同之处在于，植物具有生命，可营造四时之景，即所谓季相变化。植物包括乔木、灌木、藤本、草本花卉及草坪和地被植物。

其中，乔木可根据高度分为小乔木（高度 5 ~ 9 m）、中乔木（高度 9 ~ 18m）、大乔木（18 ~ 25m），也可根据叶子分为常绿阔叶、常绿针叶、落叶阔叶、落叶针叶。灌木没有明显的主干，多呈丛生状或分枝点低自基部，可分为大灌木（高度大于1.5m）、小灌木（高度小于1.5m）。屋顶花园因土层、承重等因素，只适合种植花灌木类植物，乔木类植物必须经常修剪以控制其生长高度。

1）园林树木配置形式。园林树木的配置形式主要有孤植、对植、列植、丛植、群植和林植：孤植、丛植和群植主要用于配置自然式树木景观；列植主要用于规则式树木配置；对植与风景林栽植则既可用于自然式栽植，也可用于规则式栽植。

①孤植。单株树或紧密栽植的单树种树丛的孤立独处配置状态，叫作孤植。孤植的树木，叫作孤植树。作用：做主景树，布置在视线焦点处，如阳光草坪中心；或做空旷地遮阴树，如在园椅之后。

②对植。两株树或者两丛树布置在相对位置上成对应景观，叫作对植。对植树的布置既可以对称，也可以不对称。作用：做配景或夹景，陪衬烘托主景，如入口处。配置位置：大门、路口、主景两侧。

③列植。按相等株距栽植树木成行列状，就是列植。作用：行道树栽植，栽植林带，打造树阵广场。选材：选树形紧凑整齐的植株，要求植株大小一致，可选 1 ~ 2 个树种。

④丛植。用若干树种搭配栽植成风景树丛，就是丛植。丛植是园林树木自然式种植的主要形式之一。作用：做主景树或者配景树。选材：选 1 ~ 5 个树种，以一个树种为主。树木形象有对比，有变化。

⑤群植。群植是指由 1 个以上树种的多株树木栽植成混交风景树群的栽植方式。

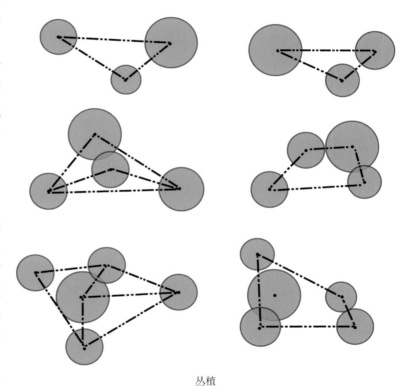

丛植

作用：做园林主景或背景，表现树木群体美，要求树木形象多变化。群植方式：单纯树群，混交树群。

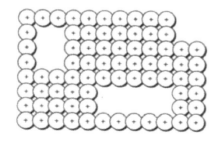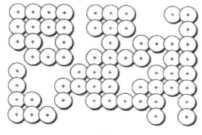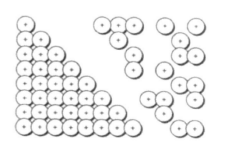

群植

园林树木配置形式总结

组合名称	组合形态及效果	种植方式
孤植	突出树木的个体美，可成为开阔空间的主景	多选用粗壮高大、体形优美、树冠较大的乔木
对植	突出树木的整体美，外形整齐美观，高矮大小基本一致	以乔灌木为主，在轴线两侧对称种植
丛植	以多种植物组合成的观赏主体，形成多层次绿化结构	由遮阳为主的丛植多由数株乔木组成，以观赏为主的丛植多由乔灌木混交组成
树群	以观赏树组成，表现整体造型美，产生起伏变化的背景效果，衬托前景或建筑物	由数株同类或异类树种混合种植，一般树群长宽比不超过3∶1，长度不超过60m
草坪	分观赏草坪、游憩草坪、运动草坪、交通安全草坪、护坡草皮，主要种植矮小草本植物，通常成为绿地景观的前景	按草坪用途选择品种，一般容许坡度为1%～5%，适宜坡度为2%～3%

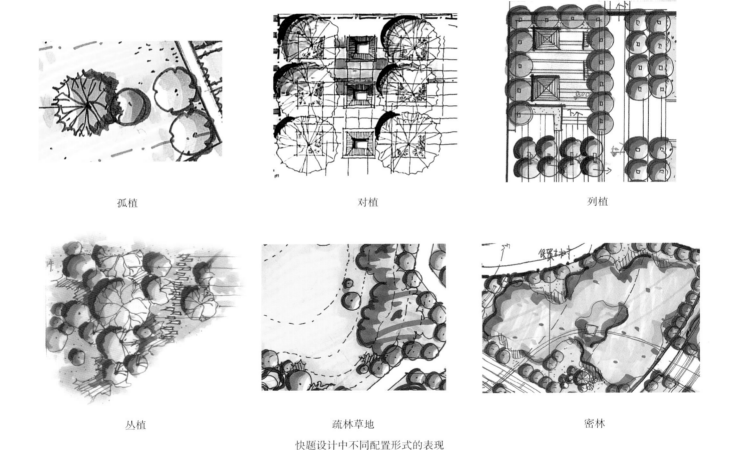

孤植　　　　　　　　　　　对植　　　　　　　　　　　列植

丛植　　　　　　　　　　疏林草地　　　　　　　　　　密林

快题设计中不同配置形式的表现

2）植物造景空间。植物对室外空间的形成起着非常重要的作用，它是室外空间形成的重要介质。在种植设计中建造功能是最先考虑的，其次才是观赏特性和其他因素。关于空间对比关系的探讨：

①内向和外向：内向和外向作为相互独立的两种倾向，不仅存在于建筑的空间组合之中，还存在于植物景观空间的组织中。植物景观空间强调围合感和私密性，要综合运用内向布局与外向布局两种手法。植物景观空间营造应根据周围环境的不同区别对待，对于外部景观较好的面，可以以外向布局为主；对于需要隔离的面，以内向布局为主，保证私密性和围合感。

②主从与重点：在植物景观空间中，不论其规模大小，为突出主题，必使其中的一个空间或由于面积显著大于其他空间，或由于位置比较突出，或由于景观内容特别丰富，或由于布局上的向心作用，从而成为整个空间的重点。如基调树做背景，衬托色叶前景树。

③藏与露：植物景观空间的营造也往往遵循露则浅而藏则深的原则。为求得意境之深远，往往采用欲显而隐或欲露而藏的手法。所谓"藏"，就是遮挡，一是正面的遮挡，通过植物来阻隔游人的视线；另一种是通过空间对比来达到"藏"的效果，一般都是从密林下穿过进入一个空间，让人感觉豁然开朗。

④虚与实：就植物景观空间而言，也包含虚和实两个方面，虚所指的是空间，实所指的是植物形体。植物景观空间的曲折和变化，形成开阔和闭塞的空间感受，进而营造不同层次的境界。如，密林小径营造静谧的氛围，再到达疏林草坪便有开朗之感。

（3）水景。"仁者乐山，智者乐水"，理水为园林景观的重要组成，和地形搭成山水骨架，同时吸引大量人流，是极其重要的景观节点。北方水景慎重使用，减少面积，可作点景之用，而南方多用大水面统领全园。

1）水景基本形式。

①静水：湖泊、水塘、水池。

②流水：溪流、水坡、水道。

③落水：瀑布、水帘、跌水、水墙。

④压力水：喷泉。

园林景观中的水景形式：

①规则式水池：由规则的直线岸边和有轨迹可循的曲线岸边围成的几何图形水体，如圆形、方形、长方形、多边形或曲线、曲直线结合的几何形组合。多运用于规则式庭园中、城市广场及建筑物的外环境修饰中。水池设置位置应位于建筑物的前方，或庭园的中间，作为主要视线上的一处重要点缀物。

设计要点：突出静主题及旨趣，有强调园景色彩的效果，水池面积与庭园面积有适当比例，池的四周可为人工铺装。

规则式水池

②自然式水池：自然式水池平面变化很多，形状各异，主要模仿大自然中的天然野趣，水面形状宜大致与所在地块的形状保持一致，仅在具体的岸线处理给予曲折变化。设计成的水面要尽量减少对称、整齐的因素。

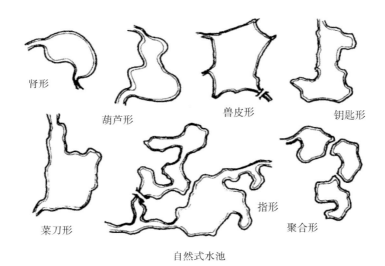

肾形　葫芦形　兽皮形　钥匙形

菜刀形　指形　聚合形

自然式水池

③混合式水池：介于规则式和自然式两者之间，既有规则整齐的部分，又有自然变化的部分。

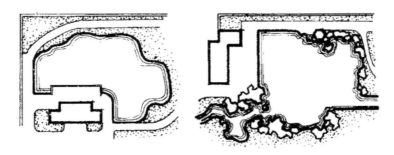

混合式水池

2）水面设计。

①水面与环境的比例：湖池水面的大小宽窄与环境的关系比较密切。水面的直径或宽度与水边景物高度之间的比例关系，对水景效果影响很大。水面直径小、水边景物高，在水区内视线的仰角比较大，水景空间的闭合性也比较强。在闭合空间中，水面的面积看起来一般都比实际面积要小。

②水面各部分的比例：在水面形状设计中，水区要有主次之分。主水面的面积至少应为最大一块次要水面面积的2倍以上。次要水面在主水面前后左右的具体位置，以不形成对称关系为准。

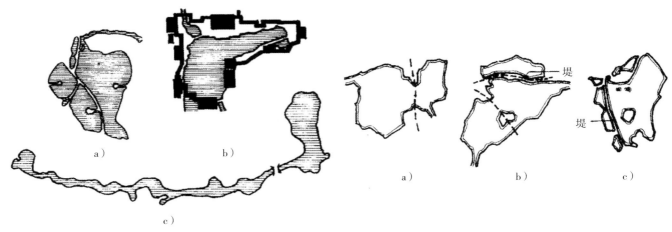

水面与环境的比例不同形成不同的水景效果
a）开朗的水面（颐和园） b）闭合的水面（谐趣园）
c）狭长幽深的水面

划分主次水面的方法
a）利用凸岸分区 b）利用堤岛分区 c）用堤分区

3）水位与水深设计：园林湖池的水深一般不是均一的。距岸、桥、汀步宽 1.5 ~ 2m 的带状范围内，要设计为安全水深，即水深不超过 0.7m；湖池中部及其他部分有划船活动，水的深度可控制在 1.2 ~ 1.5m 之间，不宜浅于 0.7m；庭院内的水景池，小面积水池，可设计为 0.7m 左右。

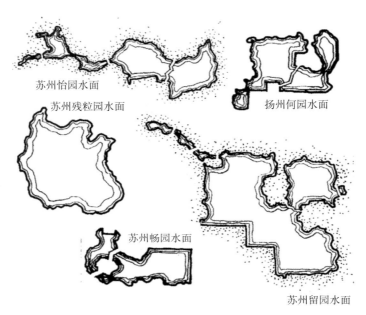

园林中的水面设计

4）岸线设计：岸边曲线除了山石驳岸可以有细碎曲弯和急剧的转折以外，一般岸线的弯曲宜缓和一点，回弯处转弯半径宜稍大，不要小于 2m。岸线向水体内凸出部分可形成半岛，半岛形状宜有变化。凸岸和半岛的对岸，一般不要再对着凸岸或半岛，宜将位置错开一点。

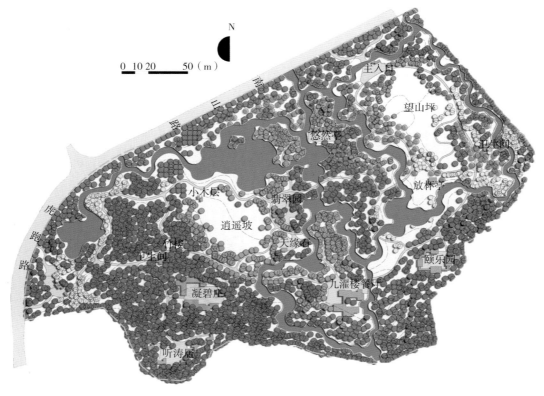

杭州太子湾水体布局分析

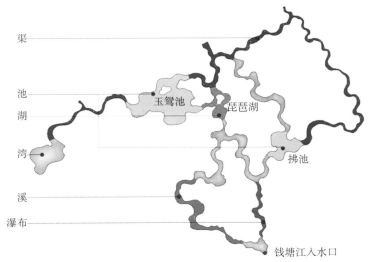

渠
池
湖
湾
溪
瀑布

玉鸳池
琵琶湖
拂池

流水多趣，活水常鲜。欲达此目的，需设计动水景观并使全园水系贯通。引水河道如将军领卒，主宰着所有池、湾、溪流的动向和流量

钱塘江入水口　　　　　　　杭州太子湾水系形式分析

（4）建筑。景观建筑是建造在园林和城市绿化地段内供人们游憩或观赏用的建筑物，常见的有亭、榭、廊、阁、轩、楼、台、舫、厅堂等建筑物。

1）园林建筑的作用：

①满足各种使用功能的要求。如园林中的餐厅、茶室、小卖部、大门、园厕和摄影室等为人提供各种服务，亭、廊、花架、坐凳为人们提供休息、纳凉的场所。

②满足园林景观的要求。一是点景，园林建筑一般造型优美，与山水、植物相结合成景；而建筑又常常成为园林景观的构图中心；二是赏景，园林建筑成为园林中赏景的重要场所，可在建筑附近设置对景。

2）园林建筑的分类。

①亭：是园林中点缀风景，提供休息、远眺、纳凉、避雨的游憩型建筑。

②廊：廊在园林中除了起到遮阳避雨、供游人休息的作用外，其重要的功能是组织游人观赏景物的路线。

亭

廊

水榭

花架

③水榭：是一种临水建筑，常见形式是水岸边架起一个平台，部分伸出水面，平台常以低平的栏杆或鹅颈靠相围，其上还有单体建筑或建筑群。

④花架：是攀缘植物的棚架，供人们休息、赏景，而自身又成为园林中的一个景点。

（5）园路。园路是景观中的主要结构要素，与地形、水体等景观要素共同形成完整的风景构图。

1）功能：①集结疏散，组织交通（人车分流）；②引导游览，联系空间（园路等级的不同）；③构成园景，游观合一，步移景异（平面构图的重要组成部分）。

2）应用：①基于山水关系处理的基础，进行园路的设置（满足坡度、通车等规范）；②园路的转折和衔接符合人的行为规律（直达/曲折）。

3）道路等级：包括主园路、次园路、游憩小路和特殊园路四级。关于道路分级，中小尺度场地不必严格划分三级道路，有主次路之分即可；大尺度场地要有严格的道路分级。

道路等级特征与示意

道路等级	宽度	特征	示意
主园路 （一级路）	4～6m （一般按照 5m，小场地 3.5～4m）	1. 连接主入口，需要满足通车要求 2. 主要人流集散的道路 3. 贯穿全场（大公园成环，中小场地不需成环） 4. 快题设计中需用行道树强调（遮阴） 5. 宽度需保持均匀 6. 考虑消防、车辆转弯半径	■ 主园路 ■ 次园路 □ 游憩小路
次园路 （二级路）	2～4m	1. 辅助主路完善游览体系 2. 划分景区 3. 连接节点与主路 4. 大公园成网，中小场地不需要	
游憩小路 （三级路）	1.2～2m	1. 各节点内部的交通路线 2. 小场地不一定需要	
特殊园路	不定	木栈道、高架、蹬道、跑道（慢跑、自行车、散步）、滨河路	

注：园路的宽度说法不一，在快题设计中需灵活机动，关键把控主路的尺度。

4）规范。

①园路相接。

园路相接的原则、原因与示意

原则	原因	示意
园路相接处需先垂直，然后弯曲	满足通车、消防需求	
避免锐角	满足安全、工程需求	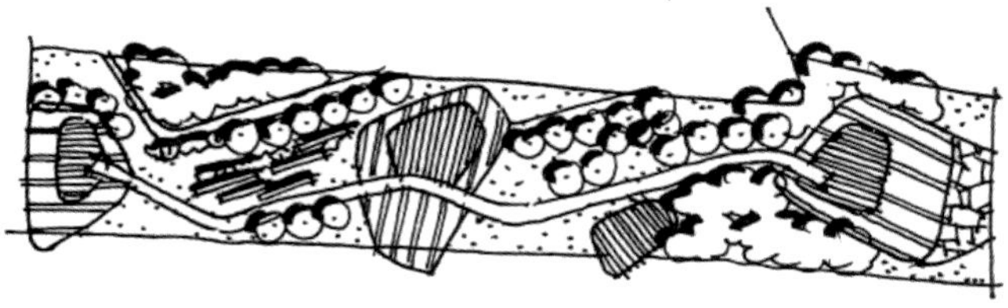
车行道路（主路、一级路），避免太近距离的转折	考虑转弯半径，满足通车需求	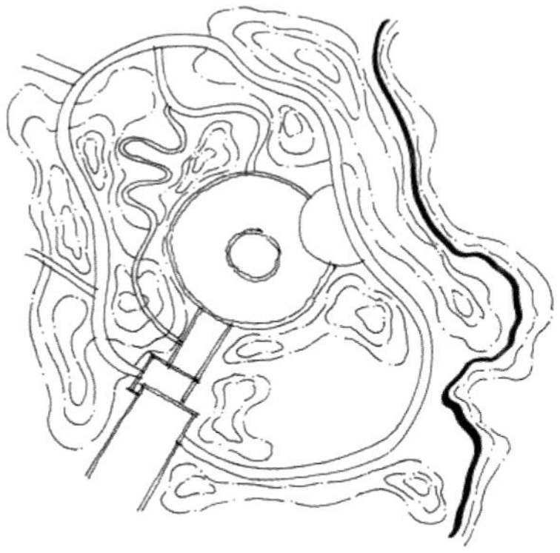
车行道路上不能设置障碍物，如果设置构筑物或高架桥，需进行高度控制（4m以上）	满足通车、消防需求	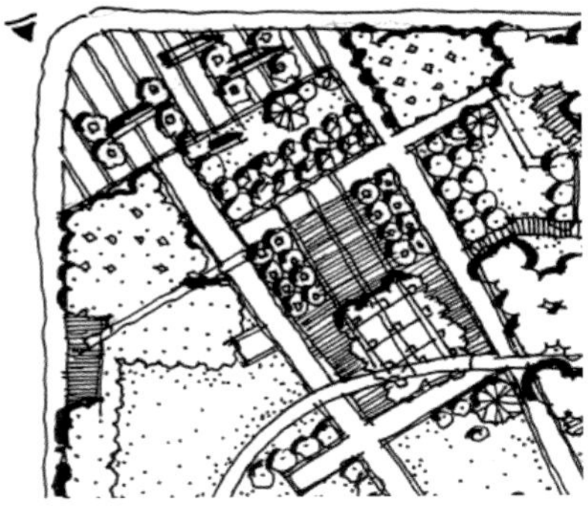

（续）

原则	原因	示意
少出现十字交叉的路口，若出现交叉处一般做成集散广场	人流量大，难以集散	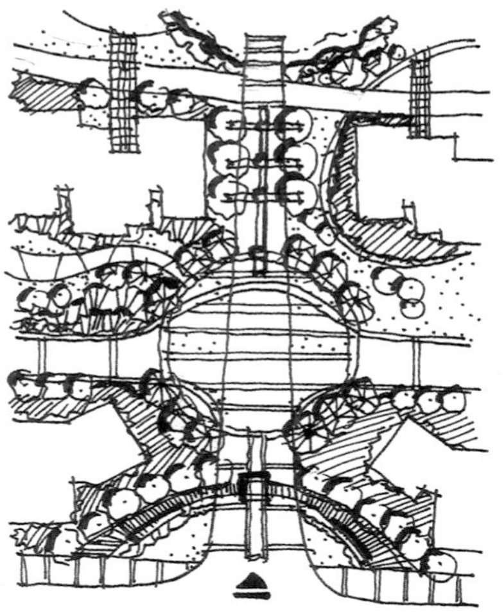
三路交叉，应设置交通岛进行人流、车流分散	出于安全需求，进行分流	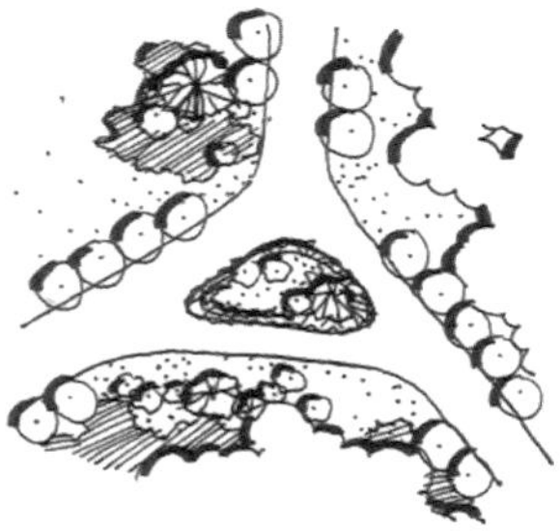
不可出现断头路、平行路（除非景色不同、空间开合不同，如高差情况可走平行路）	出于观景需求	

注：区分园路与路径，广场更多设置的是路径，而不是有明显边界的园路，在此情况下不必刻意遵循园路相接的原则。

②坡度。

● 在《公园设计规范》（GB 51192—2016）中明确指出：城市公园的主路纵坡宜小于 8%，横坡宜小于 3%；公园的支路和小路，纵坡则宜小于 18%。

● 纵坡超过 15% 的路段，路面应做防滑处理；纵坡超过 18%，宜按台阶、梯道设计。

● 台阶踏步数不得少于 2 级，坡度大于 58% 的梯道应做防滑处理，并应设置护栏设施。

● 山地公园的主园路纵坡应小于 12%，超过 12% 应做防滑处理。

● 主园路不宜设梯道，必须设梯道时，纵坡宜小于 36%。

③转弯半径：机动车转弯半径不小于 12m；消防车通道宽度不应小于 4m，转弯半径不应小于 9 ~ 10m。

（6）铺装。

1）作用：统一场所，划分空间；引导视线，组织人流；点出主题，增添趣味。

2）注意点：

①不同场地、节点、风格（现代、欧式、新中式等）的形式。

②主次节点的不同刻画程度，注意尺度、比例。

③简单又彼此有区分，不需要去学繁复样式，如居住区铺装。

④形式和整体构图统一，如垂直、平行、45°，折线，曲线等。

⑤注意建筑外环境的场地铺装，要与不同类型的建筑形式相统一（商业、市政、校园等）。

⑥补充图面，硬质场地不可留有大片空白。

⑦巧在延伸，如嵌草的条形铺装、与灯带的结合等。

3）表达。

不同类型铺装的用材、画法和示意

类型	用材	画法	示意
广场（节点）	花岗石、文化石、木铺、砖材（透水砖）	方格、回字铺、放射、条状、流线	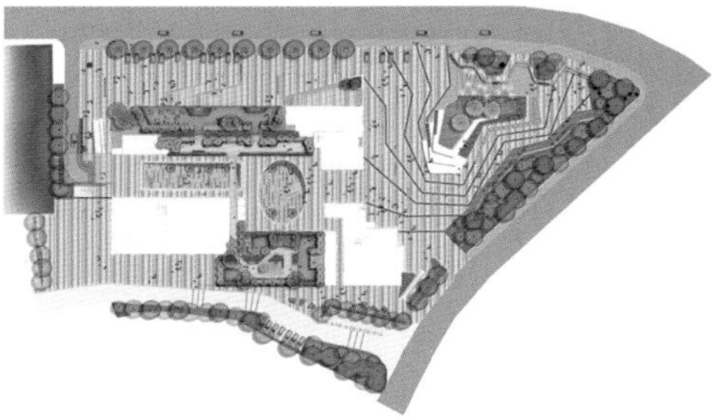
停留小空间	木铺、石材	排线疏密适宜，可碎拼	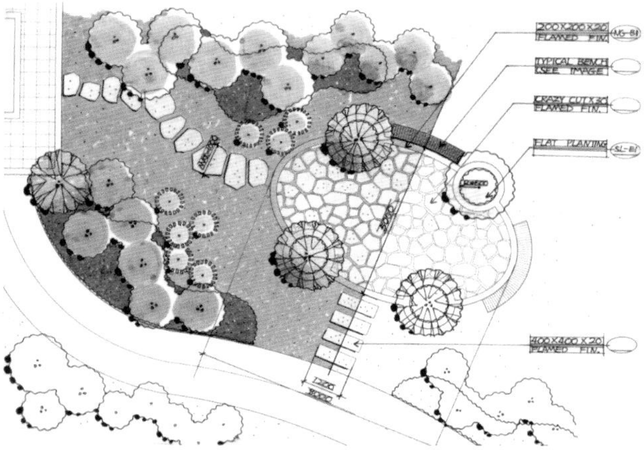 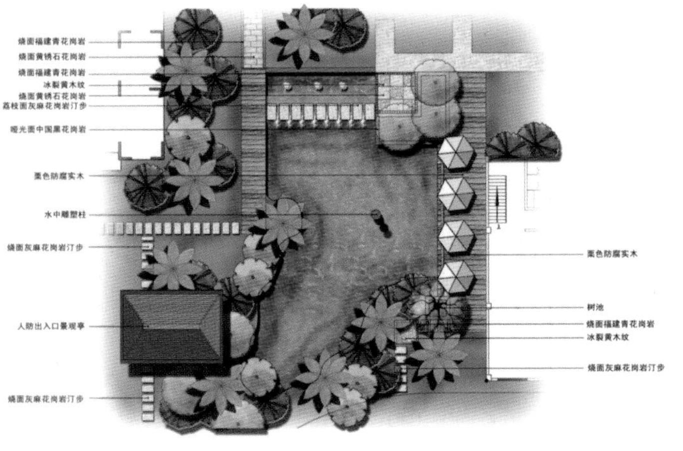

（续）

类型	用材	画法	示意
商业外环境	花岗石、砖材（透水砖）	条状、流线	
儿童活动区	彩色安全塑胶垫、沙坑	加点、流线	
园路	花岗石、砖材（透水砖）、卵石	条状、流线、碎拼	
水池	花岗石（压顶）、马赛克（池底）、卵石（收边）	扩初可具体绘制	

（续）

（续）

类型	用材	画法	示意
新中式	青石板、卵石、瓦片、砖材（透水砖）	碎拼、花街铺地等	

2. 景观空间

（1）空间类型。

1）按构成形式。

①点状景观：其特点是景观空间的尺度较小且主体元素突出易被人感知与把握。一般包括住宅的小花园、街头小绿地、小品、雕塑、十字路口、各种特色出入口。

②线状景观：主要包括城市交通干道、步行街道及沿水岸的滨水休闲绿地。

③面状景观：主要指尺度较大、空间形态较丰富的景观类型。从城市公园、广场到部分城区，甚至整个城市都可作为一个整体面状景观进行综合设计。

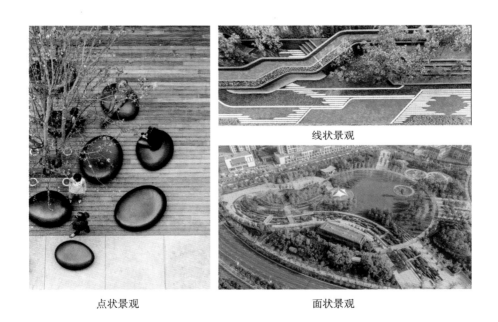

线状景观

点状景观　　　　　　面状景观

2）按人际关系。

①公共性空间：一般指尺度较大、开放性强、周边有较完善的服务设施的空间，人们可以在其中进行各种休闲和娱乐活动，又被形象地称为"城市的客厅"。

②半公共性空间：有空间领域感，对空间的使用有一定的限定。如一些特定功能区的划分。

③半私密性空间：领域感更强，尺度相对较小，围合感较强，人在其中对空间有一定的控制和支配能力。

如树阵围合的空间。

④私密性空间：是四种空间中个体领域感最强、对外开放性最小的空间，一般多是围合感强、尺度小的空间，有时又是专门为特定人群服务的空间环境。如一些景观小品设置的空间。

公共性空间　　　　　半公共性空间　　　　　半私密性空间　　　　　私密性空间

注：在快题设计中要将不同的空间合理排布，来营造丰富的空间感，提供多元化的功能。

（2）空间营造。

1）空间营造基本方法。

垂直方向：围合、设立。

水平方向：覆盖、架起、凸起、凹下、肌理变化。

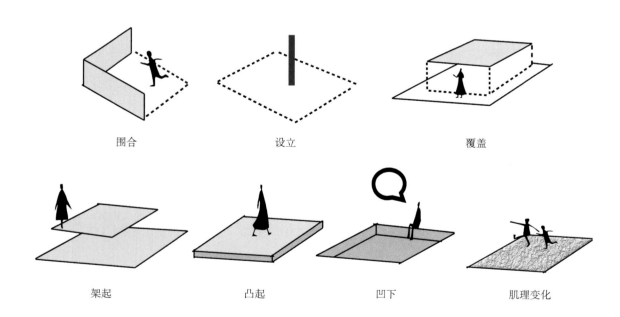

围合　　　　　　　设立　　　　　　　覆盖

架起　　　　　凸起　　　　　凹下　　　　　肌理变化

2）景观不同要素组合。在有了基本方法的基础上，将园林要素揉入其中，因各类要素在不同空间的功能定位，通过相同要素的个体排布，以及不同要素之间的相互组合，来营造不同的空间氛围，形成不同方案特色。

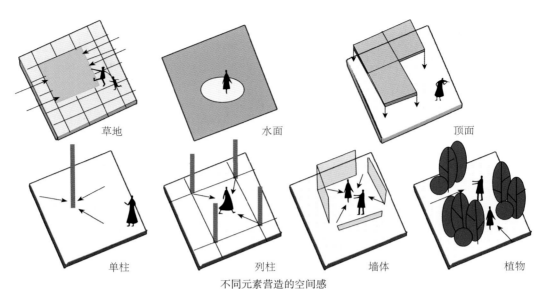

不同元素营造的空间感

注：其中在风景园林快题中，用植物来营造空间最为重要，在设计中要着重处理。

3. 景观结构

快题设计要遵循从整体到局部的设计原则，切忌整体结构没有画出来就开始做详细设计，只有整体推进，才能保证最后的设计作品完整统一，否则只是各种元素的堆砌，而没有把它们组合成一个完整有机的作品。

（1）景观结构类型。类型看似多样，但总结起来为自然式、规则式、混合式（规则 + 自然式）三种。

不同类型景观结构特点、适用范围及实例展示

类型	特点	适用范围	实例展示
规则式	"横平竖直"的结构，构图线形主体为直线，整体感觉较为规整	①小型绿地 ②纪念性广场 ③市政广场	
自然式	构图线形主体为曲线，整体风格灵活多变	①大尺度的绿地 ②滨水绿地 ③新式广场	

（续）

类型	特点	适用范围	实例展示
混合式（规则＋自然式）	构图线形为直线和曲线相结合，往往以一种模式为主导，另一种做辅助结合，达到平衡感。一些大尺度绿地主要通过"环路＋轴线"构成景观结构	大部分场地均适合，应用广泛	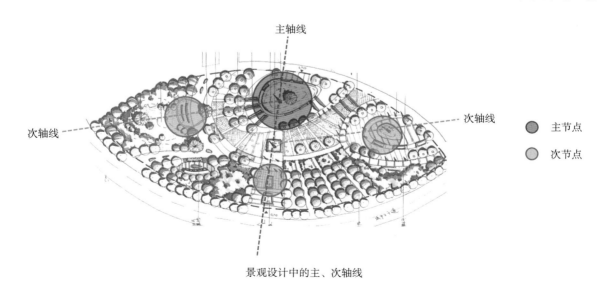

（2）构造景观结构方法。想形成一个紧凑的快题设计作品，要从宏观到微观层层递进进行思考设计，先整体把握全局，捋清设计思路，建立主要的景观元素之间的关系。构造景观结构，可以从景观轴线、景观节点、景观视线三个方面设计。

1）景观轴线。

①概念：景观轴线是对景观节点、重要标志构筑物等的串联和统一，其有虚的、不存在的轴线，也有实在的轴线。虚轴仅在视觉上有联系，实轴则是通过路径和视觉感知双重营造。

②作用：串联景观节点，使景观起承转合有序地展开，形成整体的框架；形成视线的指引，沿轴线方向，可看到精心布局的空间，强调人们在不同空间中的体验。

③类型：景观轴线分主轴线和次轴线。

主轴线：指一个场地中把各个重要景点串联起来的一条抽象的直线，轴线是一条辅助线，通过将各个独立的景点以某种关系串联起来，让方案在整体上不散，作为它们的骨架。

次轴线：主要景点之外还有次要景点，一般是以主轴线向两边渗透，形成连接次要景点的次轴线。

景观设计中的主、次轴线

④如何构建：分析周围环境，一些标志性建筑、构筑物、主入口等往往与主轴线相关联；规划好交通后，主轴线往往与交通处、人流量最大地相重合；确定好主轴线后，通过进一步的功能分区，安排次轴线的排布，次轴线往往从主轴线往出发散。

2）景观节点。

①概念：景区内重要的景点构成景观节点。

②作用：景观节点体现该景区的主要景观特征，并具有控制作用；景观节点符合场地特征，是周边景观特征的集中体现，突出主题。

③类型：统一景区的各个节点，应存在一定的个性差异，不同景观节点也要有主次之分，因此景观节点主要有主节点和次节点之分。通常主节点和景观的主轴具有密切关系。

④如何构建：在确定了景观轴线后，确定节点的主次之分，然后再进一步细化。

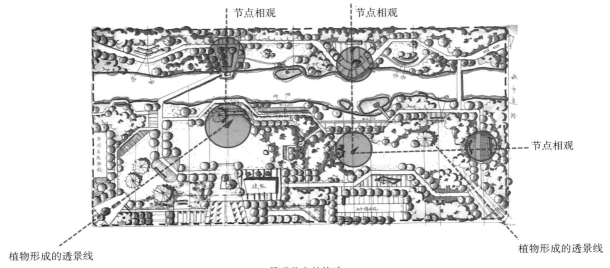

景观节点的构建

3）景观视线。透景线是指在景观设计中，具有统摄作用的视线延展线。它建立了景点与景点、节点与节点之间的联系，通常连接节点，使分散的节点充满关联性，是快题设计中最能凸显景观结构的有效方法，往往也与景观轴线关系密切。

4. 构图形式

（1）概念：快题设计构图形式立足于对场地全面分析的基础上，选取母体元素，并将其通过旋转、重复、复制、拉伸、放大、缩小、偏移、镜像、抬升、下降、凸出、凹陷等构图法则加以排布，使图面形成一个和谐整体。注意，景观快题设计中母体元素的选取不宜超过 3 个，否则图面会显得杂乱。

（2）分类。

1）垂直构图。

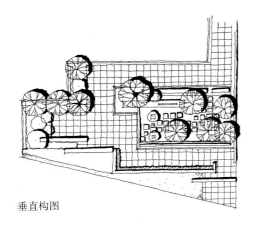

垂直构图

特点： 垂直风格式的形式为横平竖直，主要将平行、偏移、重复等法则运用其中，简单法则的运用可以加强设计者对基本设计的把控力。

运用： 适用于绝大部分城市道路肌理，广场、水池、树池、种植池在集合中夹杂变化，较好地契合城市建筑排布。

2）曲线构图。

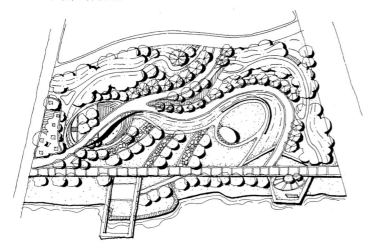

特点：曲线构图主要将旋转、对称、发散、呼应、反交等法则加以运用，形成更聚焦的方案。相对于垂直构图，它具有更强的图面控制力。

运用：注意曲线的平滑度，曲线波动平缓要形成呼应及对比，使得场地更加多样与生动；对于较大的场地，根据场地等高线用圆滑的弧线进行串联，注意大小区分。

曲线构图

3）规则式折线构图。

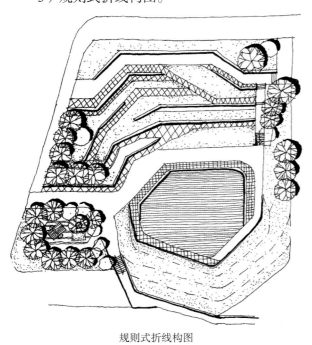

特点：规则式折线构图通常有一定的母体可循，如直线的"凸出"与"凹陷"、多组形进行组合排列及切割、直线和圆形分割相结合等。其常用的构图法则为分割、抬升、下降、偏移等。

运用：掌控不好容易显得凌乱，形成拼凑不规则设计方案，因此要注意统一与冲突共存并取得平衡。

规则式折线构图

4）不规则式折线构图。

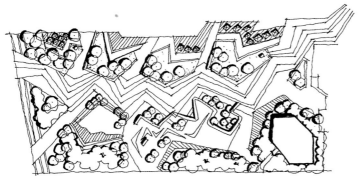

特点：不规则折线构图，无母体元素可寻，其更多地加入了变化，平衡后的设计同样可以通过隐藏的设计逻辑来体现方案的整体性。

运用：注意折线的倒角多为大于90°的钝角，极少数在地形或图形围合要求等情况下使用锐角利用。

注意，折线构图式可以做成阶梯状的下沉或上升地形空间，也可做成条石座椅，还可以做成连续的条状景墙等。

不规则式折线构图

5）细胞状构图。

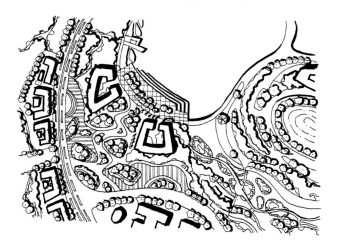

细胞状结构图

特点：细胞状构图便于从泡泡图的思维分析中快速形成设计方案，在设计中要整体进行把控，做到形散而神不散。

运用：细胞状构图适用于高差地块，细胞状的网络可以和等高线相切、平行，在避免等高线与道路垂直的同时，又可以通过距离来缓解高差。

6）放射状构图。

特点：放射状构图主要将旋转、对称、发散、偏移等法则加以运用，整形放射的方案更容易形成整体性，通过边界的进退和元素的穿插来体现丰富性。

运用：注意放射中心点往往位于景观轴上；构图时要避免过于零散，同时也要避免过于规整，把控好度。

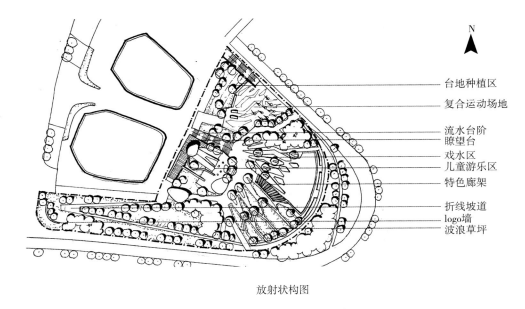

放射状构图

N

台地种植区
复合运动场地
流水台阶
瞭望台
戏水区
儿童游乐区
特色廊架
折线坡道
logo墙
波浪草坪

5．易考考点

（1）保留要素：包括植物、建筑、道路、水体等。

1）原则：决不能动位置（道路不一定），地表高程不能变动；利用到位，使其成为特色景观、重要节点；体现多样处理方式，并紧扣设计主题。

2）应用：注意能否进行视线的引导、轴线的设计、核心空间的聚焦；进行突出的图纸表达，抓人眼球；文字标注同样重要。

3）表达。

①植物。

植物的表达

保留类型		处理手法	节点	示意
植物	古树名木（几棵）	**先保护再观赏** 1. 不改变原场地高程的基础上，围绕树木做围栏（5m保护范围） 2. 利用乔灌草搭配，突出强调古树 3. 留出观赏空间，做重要节点，考虑能否做轴线 4. 图纸要重点突出在造型、颜色、刻画程度上（不同于其他的树种） 5. 节点标注 6. 几棵古树手法处理最好不同	草坡、主题广场（树池）、许愿台（高差）等	
	非古树名木，如银杏林、水杉林等（树群）	**先保留再做重要节点** 1. 不必进行围栏保护 2. 增加道路（考虑进去观赏抑或不进去观赏或做高架去观赏） 3. 配套建筑（服务类或者休憩用的亭廊等）	密林探索、森林步道、节点的背景林等	

注：除保护加固设施外，不得设置建筑物、构筑物等，不得栽植缠绕古树名木的藤本植物。

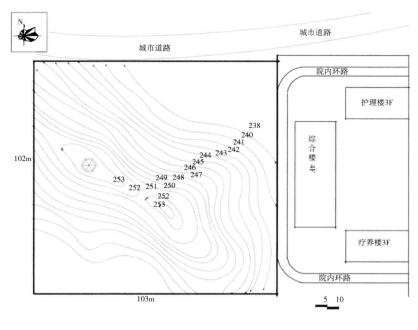

坡地考察：山地疗养院景观设计
（天津大学 2019 年初试真题）

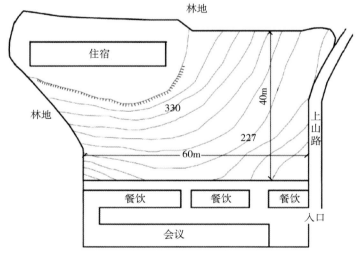

陡坎考察：山地宾馆景观设计
（天津大学 2015 年初试真题）

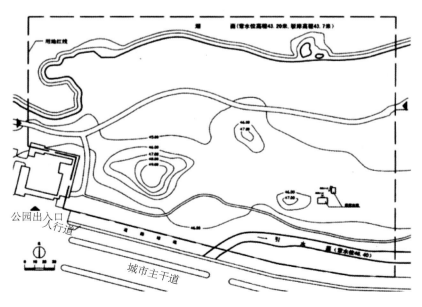

山包考察：滨水公园景观设计
（北京林业大学 2006 年初试真题）

3）处理手法。

高差的不同处理手法

类型	处理手法	特点	示意
简单处理型（未改动地形，基础利用）	挡土墙	1.混凝土、石墙、锈蚀钢板等 2.应用：解决场地高差，自行设计微地形 3.作用：引导人流，围合小空间	
	高架桥	1.营造垂直交通（下边可穿园路），注意高度 2.适合较大场地	
	云树围合	用于护坡，可结合高架（森林步道）	
积极处理型	台阶	最常用，最易进行组合 规则式、自然式园林均适用 应用： 1.结合坡道 2.结合植物：草阶、观赏植物种植 3.结合坐凳 4.结合放坡 5.结合滨水：亲水台阶、露天剧场、滨水广场 6.结合台地 7.结合广场：下沉广场	

（续）

类型	处理手法	特点	示意
积极处理型	放坡	以连续的平面来实现地形高差过渡的手段，满足无障碍设计 应用： 1. 大面积放缓坡，如草坡草阶、花海、滨水 2. 园路：山地 12% 坡度，一般为 8% 坡度 3. 残坡：满足 8% 坡度，设有护栏和休憩平台 4. 微地形：合理、适量	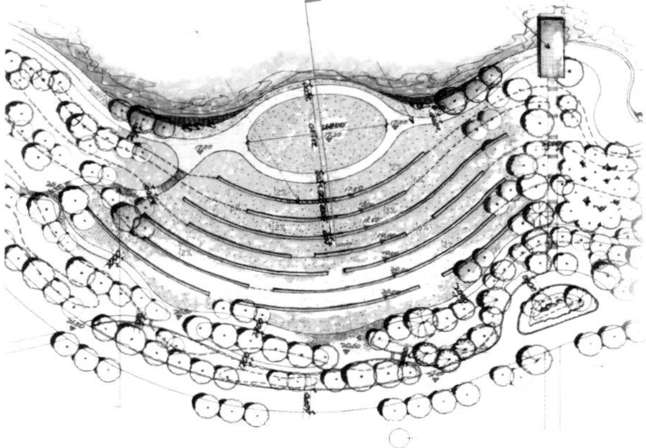
	台地	应用： 1. 台地花园：结合疗养功效、留有休憩空间 2. 梯田：效法自然中的"梯田"元素，营造梯田景观	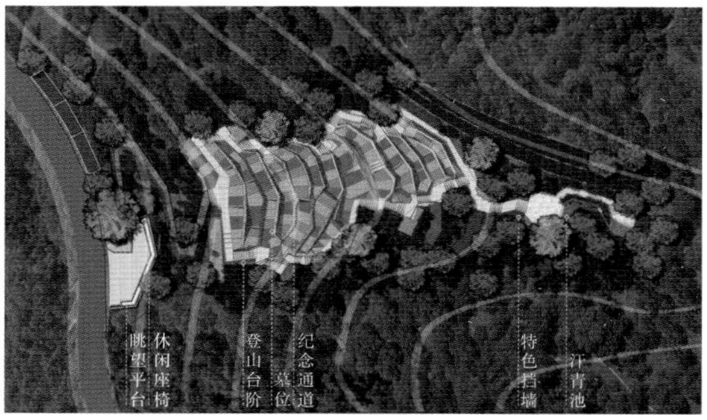
	下沉空间	结合台阶、坡道做下沉广场	
	假山跌水	1. 假山：小面积建议使用（新中式），如山石花台 2. 跌水 山谷→汇水线→等高线 + 石头 + 跌水、瀑布 谷底：做汇水塘	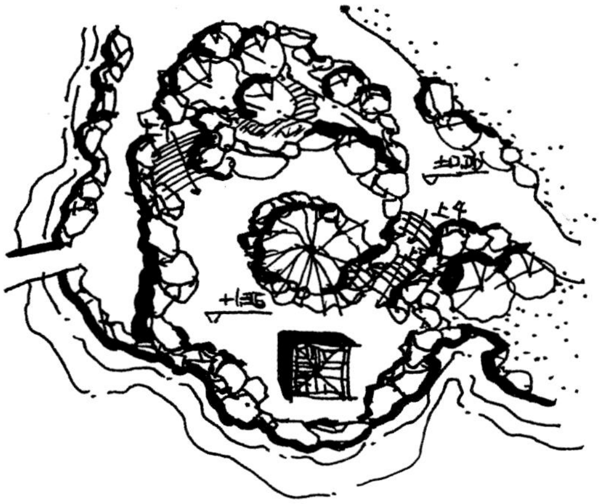

71

（续）

类型	处理手法	特点	示意
积极处理型	建筑辅助	1. 爬山廊 2. 覆土建筑	

4）处理步骤。

①首先进行地形梳理：陡坡或缓坡，凸地、平地或凹地，有无陡坎。

陡坡：用云树围合，配合设置高架桥、挡土墙等，不设主路。

缓坡：台阶、放坡、台地处理等，是最体现丰富高差景观的地带，应使用多样的处理手法。

凸地：利用制高点，注重加强竖向设计（树、建筑物等），形成轴线控制。

缓地、平地：是主要的活动区域，可硬质（中心活动广场）可软质（阳光草坪）。

凹地高差较大：可做汇水塘处理，结合山谷做跌水、瀑布，动静结合。

高差较小：做下沉广场等。

陡坎高差较大：保留并改造，如矿坑花园、极限运动场（陡坎围合、攀岩墙等）、挡土墙等。

高差较小：放坡、台地处理等。

②适当改造现有地形，（挖填、放缓）保证大致走向。

③明确交通体系，符合坡度规范，高差较大时车行道需采用"之"字形，避开陡坎、陡坡。一般，主路、残坡坡度小于8%，山地坡度小于12%，坡度大于18%时要做台阶。

④节点细化，规范标注和画法，如等高线、高程点、坡度、台阶等，最好加护栏。

⑤注重投影，直观反映地形。

（4）滨水。滨水属于竖向设计中的特殊考点，主要涉及地形、水体、植物的深化设计。常考水体包括湖体、河道、水渠、水塘等。

1）设计原则。

安全至上，首要防洪 → 常水位、枯水位、洪水位，退台式处理，留有洪泛绿地。

生态优先，与水共生 → 降低人为因素影响（驳岸、硬质活动场所等），适当设置活动区满足亲水需求，加强科普教育意义。

垂直结构，层次丰富 → 合理竖向设计，结合植物，营造丰富的垂直景观效果。

体系完整，因水而兴 → 点线面合理配置，城市边界和滨水区域的协调。

2）驳岸设计。

不同类型驳岸设计特点及示意

大类	类型	特点	示意
自然型	原始缓坡型	最生态，最常用，自然式缓坡入水	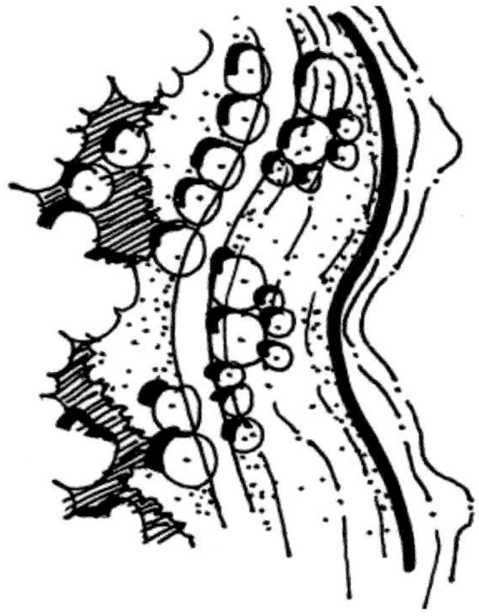
	砌块型	天然石块堆砌，可以结合溪涧、跌水	
人工规则型	规则垂直型	最不生态，城市常见 可做成挑出型，如木质栈桥、平台或混凝土平台等。通常高出常水位 0.5 ~ 1.0m	
	砌块型	1. 碎石护岸有一定坡度，可供动植物栖息 2. 石笼驳岸很生态，具有过滤净化水体的作用	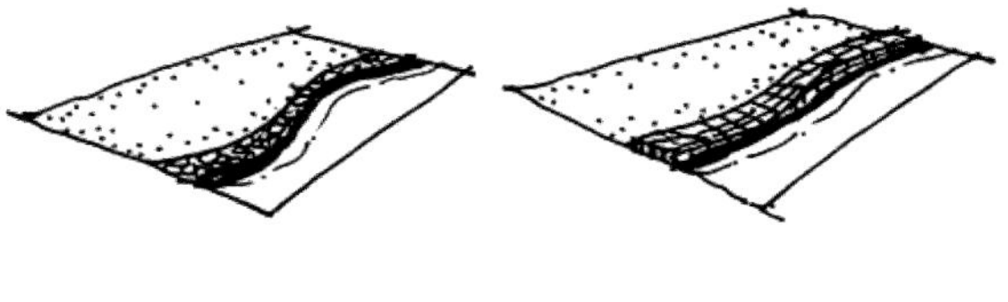

（续）

大类	类型	特点	示意
人工规则型	阶梯型	满足亲水和防洪功能，较为常用，可放大成台地型	
混合型	自然＋人工	1.沿驳岸线不同类型交替出现，也可以是在一段驳岸中混合出现 2.自然为主，人工为辅；生态优先，适当亲水	

注：人工砌块型驳岸不需在快题设计平面图中绘制，可在生态技术、不同驳岸剖断面类分析图中体现。

3）退台设计：针对不同水位线，满足基本防洪要求。

①洪水位：一般需进行竖向改造，设置防洪堤（主路＋坡地），高于洪水位0.5～1.0m；主路若即若离，保证高于洪水位；重要构筑物、大型活动场地需高于高水位。

②丰水位（最高水位）：江河水流依靠降雨或融雪补给的时期，延续时间长，水域水位线为全年最高。处理同洪水位（洪水位出现在丰水期）。

③常水位（一般水位）：次路，可适当伸出观水平台等，并连接少量硬质节点（码头、滨水广场等），保证滨水游览体系的完整；小路，可连接木栈桥（可淹部分），标高稍高于常水位（0.5m左右）。可根据水位放坡或营造台地。

④枯水位（最低水位）：以草坡为主，少栽大乔木，搭配水生、湿生植物，可做湿地滩涂景观，也可适当做亲水台阶。

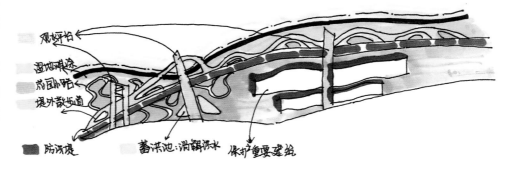

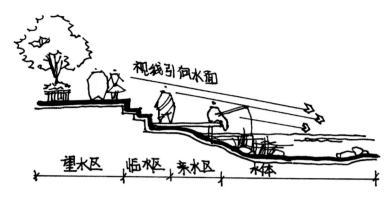

（南京）江心洲生态岛道路及绿地景观规划设计概念方案

4）景观营造。

①地形：放坡或台地处理，结合台阶，将视线引向水面，可适当挖填，分散大水面，如做湿生花园、生态浮岛、长堤等。

②植物：留出透景线，滨水区域少种云树，适当在活动场地及主路两侧种植大乔木，再由草坡搭配花灌木延伸至岸边，种植水生、湿生植物丰富植物层次。

③建筑：滨水可做服务类建筑，如滨水茶室、钓鱼小屋等。

④道路：根据不同水位设置主路、次路、小路，时近时远，形成滨水道路体系。

⑤硬质场地：适当做2～4个亲水部分（硬质驳岸）。

⑥景观结构：考虑能否垂直驳岸方向，正对水面做轴线，同时滨水部分应当视线开阔，节点之间注意人工、自然之间的合理过渡。

（5）停车场。停车场属于硬性规范画法，体现应试者的基本设计素养；题目没有明确要求时，不要自己画，以防踩雷。

考察形式：自行设计停车场、保留的地下停车场、生态停车场。

1）自行设计停车场。

自行设计停车场的方法

类型	停车场位置	出入口	停车位尺寸	示意
地面停车场	1.设置在主入口附近（影响主入口位置），需做云树隔离降噪 2.注意题目是否有要求限定在××建筑附近 3.车行路线和人行路线的处理：车一般按顺时针方向行驶（右进右出），故主入口应尽量位于停车场入口的左端	1.数量：停车位<50个，设一个出入口；停车位50~100个，设两个出入口 2.其他：出入口之间净距离须大于10m，入口宽度7m，转弯半径9m，车道宽度6m或7m；视情况而定设置回车场	1.机动车 （1）小型车：2.5m×5.0m，2.5m×5.5m，3.0m×6.0m （2）中巴车：3.0m×8.0m（急救车） （3）大巴车：4.0m×12.0m （4）摩托车：2.5~2.7m² 2.非机动车 自行车：1.5~1.8m² 注1：小型车车位面积为25~30m² 注2：自行车和摩托车停车场只需画范围、标面积，不需画出车位、拉线标注	

（续）

类型	停车场位置	出入口	停车位尺寸	示意
地下停车场	地下	1. 一般不少于两个出入口，车行出入口是坡道，一般是 7m×21m 2. 最好设置人行出入口 3. 单行道宽度 4m，双坡道 7m	平均每车 35～40 m²，包括车位面积，还有车道及设施的面积 注：地下停车场是按照面积进行计算，不需画出车位，用虚线画出范围即可	

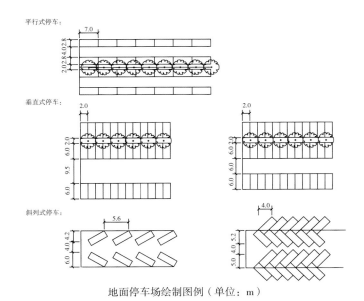

地面停车场绘制图例（单位：m）

2）保留的地下停车场。要求我们对地下停车场上方进行合理的、符合安全规范的景观设计：地下停车场上方覆土较薄，故不宜设置大乔，云树更是不可以栽种；少做水，即使做水也不能大面积，不宜做自然式水景；考虑到荷载，最好不放亭廊等构筑物；一般做成草坪或是硬质铺装，可栽种低矮植物等。

3）生态停车场：自行设计（满足题目的生态技术的要求）或是题目明确要求设计生态（绿色）停车场。

生态停车场 → 较高的绿化覆盖率 + 透水铺装 → 海绵城市生态措施。

绿化：遮阴乔木 + 灌木隔离防护绿带 + 下凹绿地（植草沟）。

铺装：嵌草铺装（块料嵌草铺装、植草砖、植草格）+ 透水性材料铺装（透水砖）。

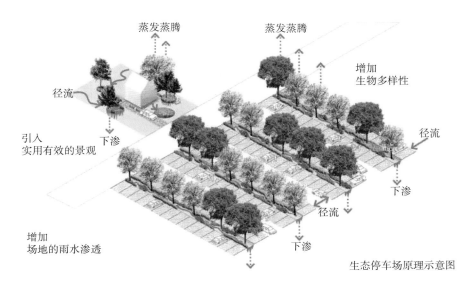

生态停车场原理示意图

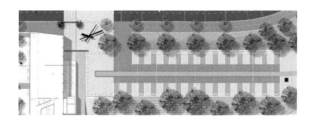

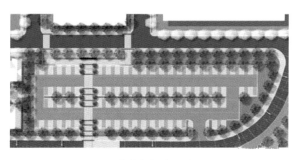

生态停车场平面图

2.3　城市绿地常用规范与数据补充

2.3.1　基本规范

（1）不同性质、类型的城市绿地内绿色植物种植面积占用地总面积（陆地）比例，应符合国家现行有关标准的规定。城市绿地设计应以植物为主要元素，植物配置应注重植物生态习性、种植形式和植物群落的多样性、合理性。

（2）在保留的地下管线和工程设施附近进行各种工程或种植设计时，应提出对原有物的保护措施和施工要求。

（3）规划设计应满足土方平衡，在某一地域内，挖方数量与填方数量基本相符（有挖湖或水池就要有堆山）。

（4）公园绿地内建筑（游憩、服务、管理）比例分别不得大于3%（小型公园）、5%（大型公园），动物园、植物园、游乐园除外，其他各类建筑占地总和不得大于2%。

（5）竖向控制应根据公园四周城市道路规划标高和园内主要内容，充分利用原有地形地貌，提出主要景物的高程及对其周围地形的要求，地形标高还必须适应拟保留的现状物和地表水的排放。

（6）规划五条线。

1）红线：用地范围红线、道路宽度红线、建筑控制红线。

2）蓝线：水资源河道保护线。

3）黄线：城市基础设施用地控制线。

4）绿线：绿化用地控制范围界限。

5）紫线：历史文化街区保护范围控制线。

注：保护线范围内通常禁止修建永久性构筑物。

2.3.2　快题设计中常用尺寸与数据

1. 绿地率

居住区绿化面积应大于30%；公园绿地率宜大于50%；广场绿化面积不少于25%。

2. 植物尺度

植物的尺度大小是决定快题设计方案尺度的关键要素之一。在平面图表达中，植物的尺度大小主要体现在冠幅的大小上；在剖面图中，植物的高度则是决定其尺度大小的主要因素。

植物尺度控制表

植物种类	大乔木（基调树种）	景观树（孤植树）	小乔木	花灌木	绿篱
冠幅大小（m）	5～6	7～8	3～5	1～2	0.5～1
高度（m）	13～15	≥15（无固定高度）	5～10	≤5	无固定高度

3. 消防车通道

消防车通道的设计是进行公共环境设计安全考虑的关键，在居住区景观设计中尤为重要，有以下规范设计要点：

（1）消防车通道宽度不小于4m，净高不小于4m。

（2）消防车通道距高层建筑外墙宜大于5m，其转弯半径不应小于9～10m，重型消防车则不应小于12m，供消防车操作的场地坡度不宜大于3%。

（3）尽端式车行道长度超过35m就需要设置回车场，而且车行道长度不宜大于120m，且应设置不小于12m×12m的消防回车场。

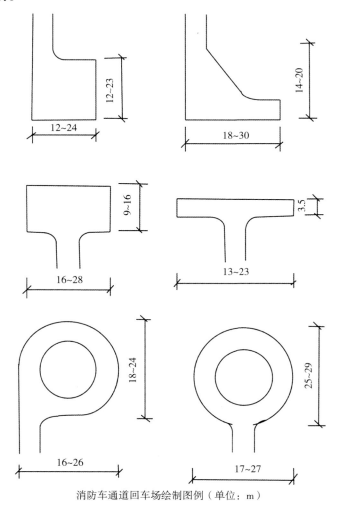

消防车通道回车场绘制图例（单位：m）

4. 梯道

（1）坡道、楼梯设计规范。

1）坡度计算公式：坡度＝（高程差／水平距离）×100%。

2）坡道设计规范：坡道最小净宽为 1.5m，休息平台最小净深为 2m。

3）楼梯踏步设计规范。

①室外：H（踏步高）为 0.12 ～ 0.16m，W（踏步宽）为 0.3 ～ 0.35m。

②可坐踏步：H（踏步高）为 0.2 ～ 0.35m，W（踏步宽）为 0.4 ～ 0.6m。

③当台阶长度超过 3m（即连续踏步数超过 18 级）或需改变攀登方向的地方，应在中间设置休息平台，平台宽度≥ 1.2m。

（2）无障碍通道设计规范。

供残疾人使用的门厅、过厅及走道等，地面有高差时应设坡道。

1）坡道和两级台阶以上的两侧应设扶手，且坡道宽度不应小于 0.9 m，扶手高度应在 0.68 ～ 0.85m 之间。

2）供轮椅通行的坡道应设计成直线形，不应设计成弧线形和螺旋形。

3）按照地面的高差程度，坡道可分为单跑式、双跑式和多跑式坡道。

无障碍通道设计实例

5. 运动场地

（1）篮球场尺寸：28m×15m。

（2）网球场尺寸：36.6m×18.3m（双打），23.77m×10.98m（单打）。

（3）羽毛球场尺寸：13.4m×6.1m（双打）。

（4）排球场尺寸：18m×9m。

（5）足球场尺寸：105m×68m。

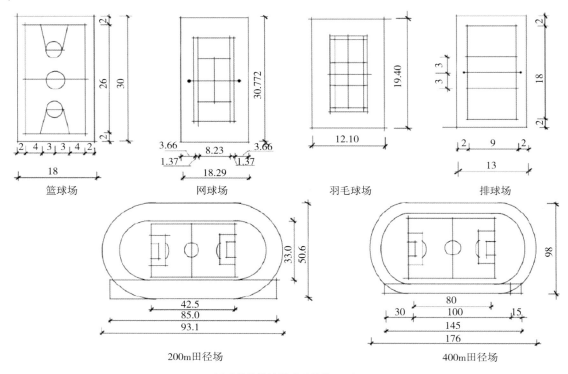

篮球场　　　　网球场　　　　羽毛球场　　　　排球场

200m田径场　　　　　　400m田径场

运动场地设计尺寸（单位：m）

第 3 章　常考风景园林快题设计类型

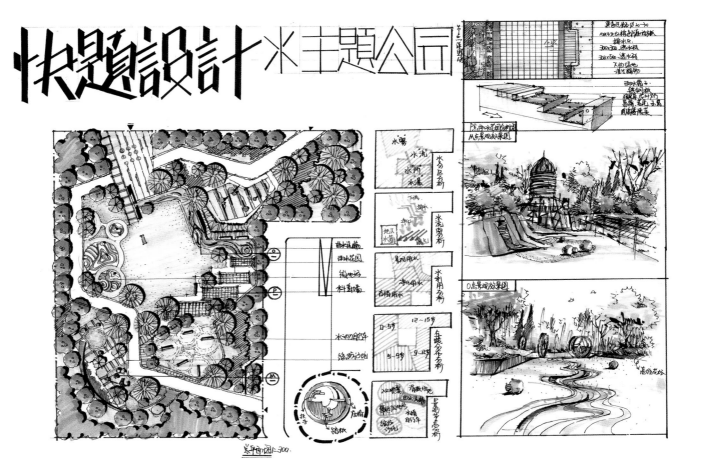

3.1 校园绿地

3.1.1 概念

校园，指学校中的各种景物及其建筑，凡是学校教学用地或生活用地的范围，均可称作校园。

3.1.2 分类

校园包括幼儿园、中小学校园、大学校园。

3.1.3 功能分区

校园功能分区大体包括教学区、教工生活区、学生宿舍区、体育运动区以及道路绿地。各功能分区的绿地设计应与该功能区的主要功能相匹配，才能创造出满足师生需求的高品质的校园景观。

3.1.4 景观特点

1. 使用对象单一

校园绿地适用人群主要是学生和教师，因此，校园绿地规划要根据学生和教师的行为特点进行规划设计。

2. 绿地率高

校园的建筑密度一般不高，有大量的用地用来进行绿地建设。

3. 使用频率高

学校尤其是高等院校的学生可自由支配的时间充足，增加了绿地的使用频率。

4. 绿地环境的文化品位要求较高

学校是教书育人的场所，校园环境对学生的健康成长有重要的影响。

5. 绿地的可进入性要求较高

3.1.5 设计原则

1. 以人为本

校园景观主体为教师与学生，这就要求充分把握其时间性、群体性特点，交通流线要通畅便利，并满足师生的使用功能需求，如大礼堂、食堂等人流较多的地方，绿地应多设捷径。

2. 突出校园文化特色

校园景观设计需要传承校园文化，体现地域特色，反映学校的人文精神，营造特色的校园环境。我们在设计中可运用雕塑、廊柱、浮雕、标牌等环境小品，并结合富有特色的植物来强化校园文化气息。

3. 生态可持续发展

校园规划应充分考虑到未来的发展，使规划结构多样、协调、富有弹性，适应未来变化，满足可持续发展。因此校园景观设计需要植入可持续发展理念，采用生态设计的手法，保证校园环境的可持续发展。

3.1.6 设计要点

1. 道路系统简洁明快

道路系统应简洁明快，不宜做曲径通幽，特别是主要建筑周围最好设计便捷的道路，符合学生的生活学习要求。

2. 创造多个类型空间

创造学习交流、安静休息、休憩娱乐等多个类型的空间，设置座椅、坐凳、圆桌等景观设施，有条件的地方也可以建亭、廊、花架等。

3. 赋予文化教育意义

赋予景观一定的文化教育意义，设置相应的景观小品，如雕塑、景观墙、景观柱等。

4. 创造丰富的植物景观

以植物造景为主，在植物群落空间围合和形态上，注意人在不同空间场所中的心理体验和情感变化。在空间构图上，大片草坪在平面上易于进行划分和构图，给人休闲放松的空间感受。

3.1.7 设计思路

（1）初级：在满足交通和功能的前提下，进行空间和流线的合理布局。

（2）中级：把握空间的疏密关系，有主有次对各个分区进行重点设计。

（3）高级：视线关系的营造，形成美感的训练。

3.1.8 分区设计

1. 入口区

入口常设在交通便捷的地方，面临城市主干道。入口区作为校园景观的"门面"，兼具装饰性、审美性与特色性，一般会设置入口雕塑、喷泉水池、花坛等景观小品。入口区一般都有较大的广场空间供人群集散。

2. 校园广场绿化区

主体建筑的前方一般设置集散性的广场，设有大面积的铺装以及草坪，并适当设置一些花坛或者花境，其中草坪周围不宜布置绿篱而为开放性的草地，方便广大师生进行休闲娱乐活动。同时广阔的空间能够更好地衬托主体建筑的雄伟华丽。

3. 生活区

以学生宿舍楼为主的生活区如有大面积的绿化用地，则可设置疏林草地或小游园，其中适当布置小品设施，为学生提供一个室外交流学习、休闲娱乐和社交的场所。建筑旁多用花灌木、窄冠树木，在建筑物5m之内不种植高大乔木。绿地外围通常与道路绿化相连，外围一般用绿篱围合，并且有多个出入口。

4. 教学区

以教学楼、图书馆、实验室为主体教学区，既要营造典雅、庄重、朴素的景观氛围，又要满足学生课间休闲活动的需要。教学楼、图书馆大楼周围的绿化以树木为主，常采用行列种植的方式，并结合景观墙、景观柱等引导视线。

5. 活动区

学校体育活动区是学校开展体育活动的主要场所。一般规划应在远离教学区或行政管理区，而靠近学生生活区的地方。在体育活动区的外围常用隔离林带或树林将其分割，减少相互干扰。

6. 道路绿化

校园主干道这类道路，一般都设有人行道，行道树种植于人行道外侧。校园干道的绿化有一板二带、二板三带等主要形式；另有林荫道、花园路等。

3.1.9 校园规划相关节点举例

1. 师生交互空间

案例一解析：

（1）类型。该节点属于折线式师生交互空间。

（2）学习点。

1）折线构图，适当倒角，外围用植物进行围合，营造较为安静的师生交谈区域。

2）包括师生交谈区域、观景亭、冥想园、校园文化主题雕塑等，功能丰富。

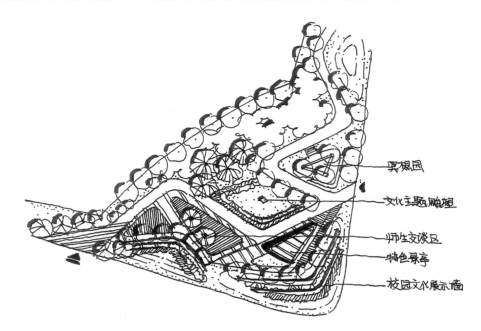

案例一：上海蝶形流线主义开放共享绿地空间景观

案例二解析：

（1）类型。该节点属于折线式师生交互空间。

（2）学习点。

1）图形式采用倒角几何形，现代气息十足。

2）中心绿地和东侧的惬意花园使得整个设计中的绿地非常集中，空间关系明朗。

3）惬意花园采用向心性布局，与中央绿地之间用植物进行分隔，围合成适合聚会、师生交互的空间，每个单独的休憩区域都满足了人的心理行为需求。

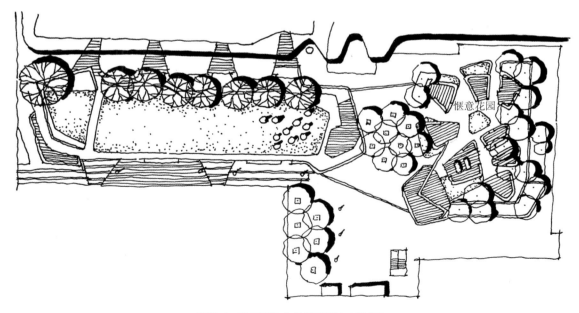

案例二：悉尼科技大学校园绿地（澳派）

2. 户外课堂

案例解析：

（1）类型。曲线式户外空间。

（2）学习点。

1）卵形构图，主次节点分明，中心为主要活动草坪，结合景观亭、雕塑、户外课堂形成轴线。

2）户外课堂被道路分隔，做下沉处理。

3）北侧是休憩观水区域，南侧是露天舞台和台阶坐凳，是户外课堂主要区域，结合树池坐凳。

4）外围用植物进行围合，加强领域感。

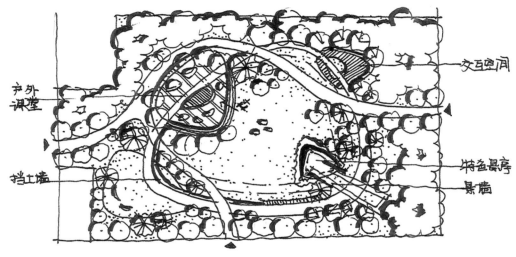

户外课堂案例

3. 植物园

案例解析：

（1）类型。混合式专类园。

（2）学习点。

1）该节点运用矩形进行基本构图，弧线切割划分，形成不同功能空间。

2）植物园分区丰富：菜园、果园、花园（水生花园、岩生花园、盲人花园等）。

3）整体构图简洁却不简单，小地块做到功能多样化。

植物园案例

3.2 城市广场

3.2.1 概念

《人性场所》中对广场的定义是：广场是一个主要为硬质铺装的、汽车不能进入的户外公共空间。其主要功能是漫步、闲坐、用餐或观察周围世界。与人行道不同的是，它是一处具有自我领域的空间，而不是一个用于路过的空间。当然可能会有树木、花草和地被植物的存在，但主导地位的是硬质地面；如果草地和绿化区域超过硬质地面的数量，我们将这样的空间称为公园，而不是广场。

3.2.2 分类

1. 公共活动广场

公共活动广场一般是政治性广场，应有较大场地供群众集会、游行、节日庆祝联欢等活动之用，通常设置在有干道联通、便于交通集中和疏散的市中心区，其规模和布局取决于城市性质、集会游行人数、车流人流集散情况以及建筑艺术方面的要求。

2. 集散广场

集散广场是供大量车流、人流集散的各种建筑物前的广场，一般是城市的重要交通枢纽，应在规划中合理地组织交通集散。在设计中要根据不同广场的特性使车流和人流能通畅而安全地运行。在设计中要根据站前广场车流和人流的特点统一布置，尽量减少人车之间的干扰。体育场、展览馆、公园、影剧院、饭店、旅馆等大型公共建筑物前广场也属于集散广场，应保证车流通畅和行人安全。广场的布局应与主体建筑物相配合，根据实际需要安排机动车和自行车停车场。

3. 交通广场

交通广场是由几条主要道路汇合而成的大型交叉路口。常见形式为环形交叉路口，其中心岛多布置绿化或纪念物，如长春市人民广场有六条道路相交。城市跨河桥桥头与滨河路相交形成的桥头广场是另一种形式的交通广场。当桥头标高高出滨河路较多时，按照交通需要可做成立体交叉。

4. 纪念性广场

纪念性广场中建有重大纪念意义的建筑物，如塑像、纪念碑、纪念堂等，在其前庭或四周布置园林绿化，供群众瞻仰、纪念或进行传统教育，如南京中山陵广场。设计时应结合地形使主体建筑物突出、比例协调、庄严肃穆。罗马圣彼得广场是比较著名的纪念性广场。

5. 商业广场

商业广场为商业活动之用，一般位于商业繁华地区。广场周围主要安排商业建筑，也可布置剧院和其他服务性设施；商业广场有时和步行商业街结合。城镇中集市贸易广场也属于商业广场。

3.2.3 设计原则

1. 贯彻以人为本的人文原则
2. 关注人在广场上的行为心理

（1）行为与场所。市民在城市公共空间的行为都具有私密性和公共性的双重特点，若失去场所的安全感，则无法潜心静处。人的行为赋予场所意义。

（2）行为与距离。0.9~2.4m为社交距离，即普通谈话范围，人与人之间关系密切，可看清谈话者的面部表情，可以听清语气细节；12m以内为公共距离，可区别面部表情；24m以内为视觉距离，可看清人身份；150m以内为感觉距离，即可辨认身体姿态；1200m为可看到人的最大距离。

（3）行为与时间。在时间上，人对环境刺激的反应可以有三种表现：

1）瞬时效应。具体表现为"一目了然""尽收眼底""眼花缭乱"等。

2）历时效应。是指环境景物按一定的序列顺次展开，逐渐将人带入各个情景之中"步移景异"。

3）历史效应。表现历史文脉的积淀。

3. 关注人在广场中的活动规律分析

（1）活动方式：个体活动、成组活动、群体活动。

（2）活动内容：休息、观赏、运动、游玩、散步等。

（3）交往活动：公共交往、社会交往、密切交往等。

4. 挖掘地域文化彰显城市广场的个性

根据题目要求设置主题，通过特定的使用功能、场地条件、人文主题以及景观艺术处理塑造广场的鲜明特色，体现当地人文特性和历史特性。

5. 追求经济效益走可持续发展道路

现代城市广场设计应该以城市生态环境可持续发展为出发点。在设计中充分引入自然，再现自然，适应当地的生态条件，为市民提供各种活动而创造景观优美、绿化充分、环境宜人、健全高效的生态空间。

6. 突出主题思想使城市广场颇具吸引力

围绕着主要功能，明确广场的主题，形成广场的特色和内聚力与外引力。因此，在城市广场规划设计中应力求突出城市广场在塑造城市形象、满足人们多层次的活动需要与改善城市环境的三大功能，并体现时代特征、城市特色和广场主题。

3.2.4 设计规范

（1）在广场通道与道路衔接的出入口处，应满足行车视距要求，保留 50 ~ 80m 的视距三角形。

（2）广场竖向设计应根据平面布置、地形、土方工程、地下管线、广场上主要建筑物标高、周围道路标高与排水要求等进行考虑，并且应当考虑广场整体布置的美观。

（3）广场的设计坡度，平原地区应当小于或等于 1%，最小为 0.3%；丘陵和山区应小于或等于 3%。地形困难时，可建成阶梯式广场。

（4）与广场相连接的道路纵坡以 0.5%~2% 为宜，地形困难时，最大纵坡度不应大于 7%；积雪及寒冷地区不应大于 6%，但在出入口处应设置纵坡度小于或等于 2% 的缓坡段。

3.2.5 空间组织设计

1. 广场入口的设计

与建筑主要立面相对的广场边沿成为广场的主要入口，常在广场与道路相邻的一侧布置绿化、喷泉、座椅、花坛等分隔空间。

2. 组织内部空间结构

现代城市广场的功能与传统广场相比发生了根本性的变化，最重要的是由仪式性空间向休闲性空间转换，因此集中的大型空间广场逐渐被零碎化的组合广场所取代，常常在一个广场空间中容纳多个子空间，由不同形态和功能的小型活动空间组成整个广场的形态面貌。

3. 确立主题标志场所

按照空间构成的原理，一个点状物体在环境中所占用的实际空间并不多，但却可以形成一个被其控制的场，这是制造虚拟空间常用的手法。在开阔的广场空间中设置主题纪念景观，除显示广场主题之外，事实上产生了空间的细化作用，将空间进行再次切割。

3.2.6　景观元素设计

1. 广场绿化

一方面在广场与道路的相邻处，可利用树木、灌木或花坛起分隔作用，减少噪声、交通对人们的干扰，保持空间的完整性；另一方面还可以利用绿化对广场空间进行划分，形成不同功能的活动空间，满足人们的需要。要注意因地制宜，比如说在南方广场应该多种植能遮阳的乔木，北方则能用大片草坪来铺装。此外，还可以利用绿化本身的内涵，既起陪衬、烘托主题的作用，又可以成为空间的主体，控制整个空间。

2. 广场水体

我们应该先根据实际情况，确定水体在整个广场空间环境中的作用和地位后再进行设计，这样才能达到预期效果。水体在广场空间中分为三种：

（1）作为广场主题。水体占广场的大部分，其他的一切设施均围绕水体展开。

（2）作为局部主题。水景又成为广场局部空间领域内的主体，成为该局部空间的主题。

（3）辅助、点缀作用，通过水体来引导或传达某种信息。

3. 地面铺装

地面不仅为人们提供活动的场所，而且对空间的构成有很多作用，可以有助于限定空间、增强识别性。可以通过图案将地面上的人、树、设施与建筑联系起来，以构成整体的美感；也可以通过地面的处理使室内外空间相互渗透。对地面铺装的处理可以分为以下几种：

（1）规范图案重复使用。采用某一标准图案，重复使用，这种方法有时可取得一定艺术效果。其中方格网式的图案是最简单的，这种设计虽然施工方便，造价较低，但在面积较大的广场上使用会产生单调感，这时可适当插入其他图案，或用小的重复图案组织较大图案，丰富地面。

（2）整体图案设计。指把整个广场作为一个整体来进行整体性图案设计。在广场中，将铺装设计成一个大的整体图案，将取得较佳的艺术效果，且易于统一广场各要素，形成统一的广场空间感。

（3）广场边缘的铺装处理。在设计中，广场与其他地界如人行道的交接处，应有较明显区分，这样可使广场空间更为整体，人们亦对广场图案产生认同感。

（4）广场铺装图案的多样化。广场铺装图案的多样化会给人带来更大的美感，同时，追求过多的图案变化则会使人眼花缭乱而产生视觉疲劳，降低了注意力与兴趣。

4. 建筑小品

首先小品应与整体空间环境相协调，在选题、造型、位置、尺度、色彩上均要纳入广场环境中加以考虑，既要以广场为依托，又要有鲜明的形象；其次小品应体现生活性、趣味性、观赏性，不必追求庄重、严谨、对称的格调，可以寓乐于形，使人感到轻松舒适；再次小品设计求精不求多，要讲求适宜、适度。

3.2.7　城市广场相关节点举例

1. 主入口

（1）案例一学习点：

1）主入口广场设置景墙进行隔景、障景，丰富空间层次，同时分散人流，满足展览要求。

2）留有通畅的车行入口，将人车分流。

3）设置树池坐凳作为停留空间，条状铺装简洁，导向性强。

4）通过植物营造空间，开合有致，形成对比的空间序列，达到以小见大的效果。

5）道路引向大水面，直达对岸主要建筑，视觉上具有连通性。

6）道路末端延伸为观景平台，两侧多为生态浮岛，具有观赏性的同时还具有生态效益。

7）入口广场处种植彩叶树，吸引视线，同时设置有休憩停留区域。

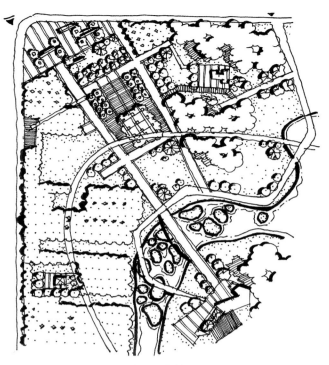

主入口案例一

（2）案例二学习点：

1）采用开门见山的手法，铺装延伸至中心阳光草坪，视线引导至主题雕塑。

2）柔化软硬边界，使功能分区更明晰。

3）合理划分集散和休憩区域，两区域之间互不干扰。

4）用树阵、水池、铺装等方式加强视线引导。

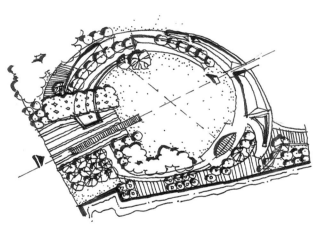

主入口案例二

2. 次入口

案例学习点：

1）铺装引导人流，简洁又不失构成感，同时和主入口形成对比。

2）用简单要素进行装饰，如水池、雕塑、彩叶树等。

3）在视线焦点设置景观节点，吸引视线停留和人群聚集。

4）运用圆弧形设计元素，整体构图统一又富有变化。

5）道路末端延伸为亲水观景平台，增加趣味性和观赏性。

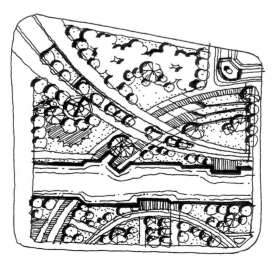

次入口案例

3.居住区周边广场

案例解析:

(1)类型。该案例是一个滑板公园，可应用于居住区周边广场作为运动健身区。

(2)学习点。

1)倒角几何形构图，形式简洁流畅，符合现代景观特点。

2)通过微地形、挡土墙等营造多个功能的运动区域，滑板的运动路线贯穿全场。

3)整个场地划分为下沉休憩区、篮球场、沙坑活动区等。

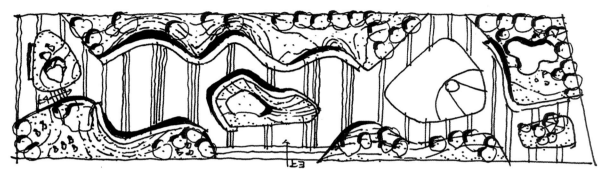

居住区周边广场案例

4.街头开放空间

案例一解析:

(1)类型。该案例是海尔商业广场，可以应用于靠近商业区人流量较大的广场。

(2)学习点。

1)条形铺装简洁，引导人流通往建筑和商业步行街。

2)高差处理较为巧妙，利用台阶、跌水和种植池处理高差。

3)中心设置卵形活动草坪，利用卵石收边形成渗水蓄水的下凹绿地，观赏大乔木加强视线。

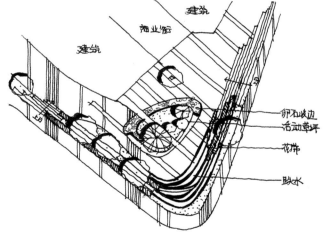

街头开放空间案例一

案例二学习点:

1)结合微地形限定围合半开放空间，降噪的同时形成停留小节点。

2)利用微地形、种植池分散人流，中部左右两处形成夹景，使北部景观亭成为视觉中心。

3)可以做成商业文化展示区域，挡土墙可作为重要的展示墙加以利用。

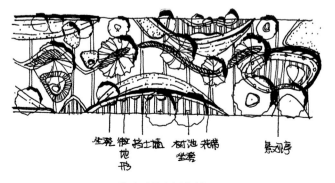

街头开放空间案例二

3.3　居住区绿地

3.3.1　居住区绿地的组成

居住区绿地应包括公共绿地、宅旁绿地、配套公建所属绿地和道路绿地。居住区绿地是附属于居住用地的绿化用地，在城市绿地中占有较大的比例，与城市生活密切相关，是居民日常使用频率最高的绿地类型。

1. 公共绿地

居住区公共绿地是全区居民公共使用的绿地，其位置适中，并靠近小区主路，适宜各年龄组的居民使用，其服务半径以不超过 300m 为宜，具体应根据居住区不同的规划组织结构类型，设置相应的中心公共绿地。根据中心公共绿地大小不同，又分为居住区公园、小游园、居住生活单元组团绿地以及儿童游戏场和其他的块状、带状公共绿地等。

2. 宅旁绿地

宅旁绿地又称宅间绿地，是最基本的绿地类型，多指在行列式建筑前后两排住宅之间的绿地，其大小和宽度取决于楼间距，一般包括宅前、宅后以及建筑物本身的绿化，它只供本幢楼居民使用。宅旁绿地是居住区绿地内总面积最大、居民经常使用的一种绿地形式，具有一定的休憩功能。

3. 配套公建所属绿地

各类公共建筑和公共设施四周的绿地称为公建所属绿地，如俱乐部、展览馆、电影院、图书馆、商店等周围绿地，还有其他块状观赏绿地等。其绿化布置要满足公共建筑和公共设施的功能要求，并考虑与周围环境的关系。

4. 道路绿地

居住区道路绿地是居住区内道路红线以内的绿地，其靠近城市干道，具有遮阳、防护、丰富道路景观等功能，根据道路的分级、地形、交通情况等进行布置。

3.3.2　居住区内的主要道路应满足的要求

（1）线形尽可能顺畅，以方便消防、救护、搬家、清运垃圾等机动车辆的转弯和出入。

（2）居住区内道路可分为：居住区道路、小区路、组团路和宅间小路四级，其道路宽度，应符合下列规定：

1）居住区道路。红线宽度不宜小于20m，是联系居住区内外的通道，除人行外，车行也比较频繁。行道树的栽植要考虑遮阳与交通安全，在交叉口及转弯处要依据安全三角视距要求，保证行车安全。此三角形内不能选用体型高大的树木，只能用不超过0.7m高的灌木、花卉与草坪等。

2）小区路。居住小区内的主要道路，一般路宽6～9m。小区级道路以人行为主，是居民散步之地。在树种选择上可以多选小乔木及开花灌木，特别是一些开花繁密、叶色有变化的树种；每条路可选择不同的树种，不同断面的种植形式，使每条路的种植各有个性；在台阶等处，应尽量选用统一的植物材料，以起到明示作用。

3）组团路。组团级道路以通行自行车和人行为主，绿化与建筑的关系较为密切，一般路宽3～5m，绿化多采用开花灌木。

4）宅间小路。宅间小路一般路面宽不宜小于2.5m左右，是住宅建筑之间连接各住宅入口的道路。

（3）小区内主要道路至少应有两个出入口；居住区内主要道路至少应有两个方向与外围道路相连；机动车道对外出入口间距不应小于150m。沿街建筑物长度超过150m时，应设不小于4m×4m的消防车通道。人行出口间距不宜超过80m，当建筑物长度超过80m时，应在底层加设人行通道。

（4）在居住区内公共活动中心，应设置为残疾人通行的无障碍通道。通行轮椅车的坡道宽度不应小于2.5m，纵坡坡度不应大于2.5%。

3.3.3 居住区道路绿化设计要求

（1）道路绿化应选择抗逆性强、生长稳定、具有一定观赏价值的植物种类。

（2）人行步道的道路两侧一般应栽植至少一行以落叶乔木为主的行道树。行道树的选择应遵循以下原则：

1）应选择冠大荫浓、树干通直、养护管理便利的落叶乔木。

2）行道树的定植株距应以其树种壮年期冠径为准，株行距应控制在 5～7m 之间。

3）行道树下可设计连续绿带，绿带宽度应大于1.2m，植物配置宜采取乔木、灌木、地被植物相结合的方式。

4）小区道路转弯半径15m内要保证视线通透，种植灌木时高度应小于0.6m，其枝叶不应伸入路面空间内。

5）人行步道全部铺装时，所留树池内径不应小于1.2m×1.2m。

3.3.4 居住区绿化设计要求

（1）选择无针刺、无落果、无飞絮、无毒、无花粉污染的植物种类，以保持居住区内的清洁卫生和居民安全，尤其是儿童游戏场周围忌用带刺和带有毒的树种，如夹竹桃、花椒、玫瑰、黄刺玫等。

（2）选择适宜居住区生长的、耐瘠薄、耐干旱、寿命长、病虫害少的乡土树种，因为居住小区土壤状况较差，因此应以选择耐贫瘠、抗性强、管理粗放的乡土树种为主，同时注意选择根系较发达的植物来吸收分解土壤中的有害物质以净化土壤和保持水土。结合种植速生树种，保证种植成活率和环境及早成景。

（3）选择具有多种生态效益的树种，对周围环境较差的居住区要有针对性地选用抗污染树种，如用于阻挡烟尘的榆树、广玉兰和木槿等，用于降噪的龙柏、黄杨和法国冬青等，用于吸收有毒物质的女贞、大叶黄杨和石榴等。

（4）宅旁绿地贴近居民，特别具有通达性和观赏性，宅旁绿地的种植应考虑建筑物的朝向。一般在住宅南侧，应配置落叶乔木，在住宅北侧，应配置耐阴花灌木和草坪，若面积较大，可采用常绿乔灌木及花草配置，既能起分隔观赏作用，又能抵御冬季西北寒风的袭击；在住宅东西两侧，可栽植落叶大乔木或利用攀缘植物进行垂直绿化，有效防止夏季西晒、东晒，以降低室内气温，美化装饰墙面。

3.3.5 居住区绿地相关节点举例

1. 主入口

案例一解析：

（1）类型。该节点属于轴线型主入口。

（2）学习点。

1）留有透景线，引导游人进入主节点，仪式感强烈。

2）类似于景观大道，注重开合变化（植物、构筑物、雕塑等），形成丰富的空间序列，达到观赏的高潮（主节点）。

3）注重集散，同时做好休憩停留场地，合理分流。

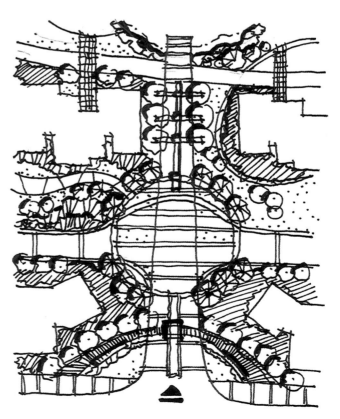

主入口案例一

案例二解析：

（1）类型。该节点属于广场型主入口。

（2）学习点。

1）条状铺装简洁，导向性强。

2）周边通过植物营造空间，开合有致，形成空间序列，达到以小见大的效果。

3）注重集散，同时做好休憩停留场地，合理分流，互不干扰。

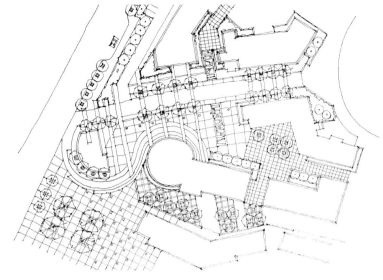

主入口案例二

2. 停留空间

案例一解析：

（1）类型。该节点属于开放型停留空间。

（2）学习点。

1）设置平台作为停留空间，条状铺装的延续使节点看起来元素统一，指引性强。

2）外围用植物进行围合，营造较为安静的休闲区域，加强视觉聚焦。

3）整体构图简洁却不简单，小地块做到元素多样化。

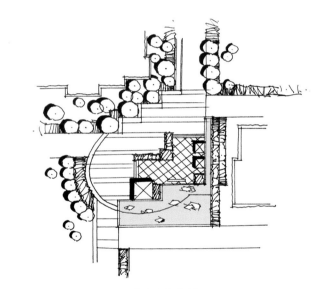

停留空间案例一

案例二解析：

（1）类型。该节点属于居住区公共空间和高差的结合。

（2）学习点。

1）植物空间的营造迎合场地的特性，与场地高差配合种植，丰富了景观的层次感。

2）休憩空间合理地设置了条石、廊架和座椅等休憩设施。

3）整体构图采用折线形，小地块做到功能多样化。

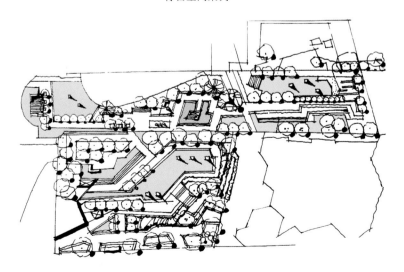

停留空间案例二

3. 儿童活动空间

案例一解析：

（1）类型。该节点属于儿童活动场地和住宅区花园结合。

（2）学习点。

1）开敞的草坪空间是场地设计的重心所在，配合休憩空间的设计，提供给老人活动、儿童游乐的场所。

2）草坪周边还做了小的节点空间，右下方做了一个花带空间，左上方设计了一棵孤植树，形成了主次空间的强烈对比。

3）主要的构成线条拐角大于120°，满足转弯半径与视距安全要求，两根线条相连全部是直角处理。

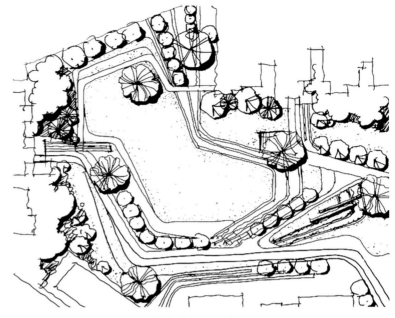

儿童活动空间案例一

案例二解析：

（1）类型。该节点属于儿童活动场地。

（2）学习点。

1）流线型铺装引导人流快速通行，类同心圆铺装暗示停留区域。

2）设置沙坑、攀爬架、爬坡、滑梯等儿童设施。

3）设有家长休憩区。

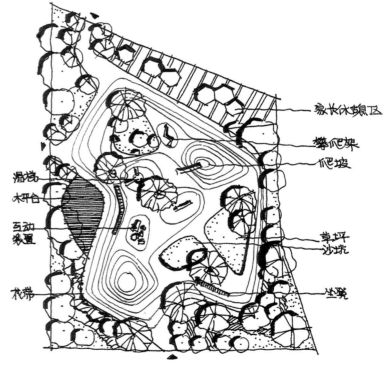

儿童活动空间案例二

3.4 城市公园

3.4.1 概念

在城市绿地分类标准中，"公园绿地"是城市中向公众开放的、以游憩为主要功能，同时兼有健全生态、美化景观、科普教育、应急避险等综合作用的绿化用地。

3.4.2　分类

（1）综合公园：应设游览、休闲、健身、儿童游戏、科普等多种设施，面积不应小于 5hm^2。

（2）社区公园：应设置满足儿童及老年人日常游憩需要的设施。

（3）专类公园：应有特定的主题内容，并应符合下列规定：

1）动物园应有适合动物生活的环境，供游人参观、休息、科普的设施，安全、卫生隔离的设施和绿带，后勤保障设施；面积宜大于 20hm^2，其中专类动物园面积宜大于 5hm^2。

2）植物园应创造适于多种植物生长的环境条件，应有体现本园特点的科普展览区和科研实验区；面积宜大于 40hm^2，其中专类植物园面积宜大于 2hm^2。

3）历史名园的内容应具有历史原真性，并体现传统造园艺术。

4）其他专类公园，应根据其主题内容设置相应的游憩及科普设施。

（4）游园：应注重街景效果，应设置休憩设施。

3.4.3　布局形式

（1）规则式布局：以规则式布局的城市公园强调轴线的设置，以规整的几何形体进行平面构成，形成庄严、雄伟、开朗的公园氛围，多用于较为平坦的地形。

（2）自然式布局：城市公园完全结合自然地形、原有建筑、树木等现状的环境条件或按美观与功能的需要灵活地布置的布局形式，在地形复杂、有较多不规则的现状条件的情况下采用自然式。

（3）混合式布局：城市公园的部分地段为规则式，部分地段为自然式，可按不同地段的情况分别处理。在用地面积较大的公园内常采用。

3.4.4　相关设计规范摘要

1. 城市公园基本规定

（1）用地比例。

各类型城市公园绿化用地比例（%）

用地面积 A_1（hm^2）	用地类型	公园类型					
		综合公园	专类公园			社区公园	游园
			动物园	植物园	其他专类公园		
$A_1<2$	绿化	—	—	＞65	＞65	＞65	＞65
$2 \leqslant A_1<5$	绿化	—	＞65	＞70	＞65	＞65	＞65
$5 \leqslant A_1<10$	绿化	＞65	＞65	＞70	＞65	＞70	＞70
$10 \leqslant A_1<20$	绿化	＞70	＞65	＞75	＞70	＞70	—

注："—"表示不作规定。

（2）游人使用的厕所服务半径不宜超过 250m，即间距 500m；公园内应设置无障碍厕所。

（3）休息座椅的设置应考虑游人需求合理分布，容纳量应按游人容量的 20%~30% 设置。

2. 城市公园总体设计

（1）现状处理：

1）现状有纪念意义、生态价值、文化价值或景观价值的风景资源，应结合到公园景观。

2）公园设计不应填埋或侵占原有湿地、河湖水系、滞洪或泛洪区及行洪通道。

3）有文物价值的建筑物、构筑物、遗址绿地，应加以保护并结合到公园内景观之中。

4）公园内古树名木严禁砍伐或移植，并应采取保护措施，古树名木保护应符合下列规定：成林地带为外缘树树冠垂直投影以外 5m 所围合的范围；单株树应同时满足树冠垂直投影以外 5m 宽和距树干基部外缘水平距离为胸径 20 倍以内。

（2）总体布局：

1）地形布局应在满足景观塑造、空间组织、雨水控制利用等各项功能要求的条件下，合理确定场地的起伏变化、水系的功能和形态，确保园内土方平衡。

2）园路布局应符合下列规定：主园路应具有引导游览、方便集散以及消防车通行的功能。

3）游憩设施场地的布置应符合下列规定：不同功能、不同人群使用的游憩设施场地应分别设置；游人大量集中的场地应与主园路顺畅连接，并便于集散；安静休息区与喧闹区之间应利用地形或植物进行隔离；儿童游戏场与游人密集区、主园路及城市干道之间，宜用植物或地形等构成隔离地带。

3. 城市公园地形设计

（1）绿化用地宜做微地形起伏，应有利于雨水收集，以增加雨水的滞蓄和渗透。

（2）构筑地形应同时考虑园林景观和地表水排放，各类地表排水坡度应符合以下规定：

各类地表排水坡度（%）

地表类型	最小坡度
草地	1.0
运动草地	0.5
栽植地表	0.5
铺装场地	0.3

（3）非淤泥底人工水体的岸高及近岸水深应符合下列规定：无防护设施的人工驳岸，近岸 2.0m 范围内的常水位水深不得大于 0.7m；无防护设施的园桥、汀步及临水平台附近 2.0m 范围以内的常水位水深不得大于 0.5m；无防护设施的驳岸顶与常水位的垂直距离不得大于 0.5m。

4. 城市公园园路及铺装场地设计

（1）园路。

1）园路宜分为主路、次路、支路、小路四级。公园面积小于 10hm² 时，可只设三级园路。

2）园路宽度要求应根据通行要求确定，并应符合下表规定：

园路宽度

（单位：m）

园路级别	公园总面积 A（hm²）			
	A < 2	2 ≤ A < 10	10 ≤ A < 50	A ≥ 50
主路	2.0~4.0	2.5~4.5	4.0~5.0	4.0~7.0
次路	—	—	3.0~4.0	3.0~4.0
支路	1.2~2.0	2.0~2.5	2.0~3.0	2.0~3.0
小路	0.9~1.2	0.9~2.0	1.2~2.0	1.2~2.0

3）园路应创造有序展示园林景观空间的路线或欣赏前方景物的透视线。

4）主路不应设台阶。

5）主路、次路纵坡宜小于8%，同一纵坡坡长不宜大于200m；山地区域的主路、次路纵坡应小于12%，超过12%应作防滑处理。

（2）铺装场地。

1）游憩场地宜有遮阴措施，夏季庇荫面积宜大于游憩活动范围的50%。

2）人行道、广场、停车场及车流量较少的道路宜采用透水铺装，铺装材料应保证其透水性、抗变形及承压能力。

3）儿童活动场地宜选择柔性、耐磨的地面材料，不应采用锐利的路缘石。

5. 城市公园种植设计

（1）一般规定。

1）孤植树、树丛或树群至少应有一处欣赏点，视距宜为观赏面宽度的1.5倍或高度的2倍。

2）树林林缘与草地的交接地段，宜配植孤植树、树丛等。

（2）游人集中场所。

1）游人通行及活动范围内的树木，其枝下净空应大于2.2m。

2）儿童活动场内宜种植萌发力强、直立生长的中高型灌木或乔木，并宜采用通透式种植，便于成人对儿童进行看护。

3）通行机动车辆的园路，两侧的植物应符合下列规定：车辆通行范围内不应有低于4.0m的枝条；车道的弯道内侧及交叉口视距三角形范围内，不应种植高于车道中线处路面标高1.2m的植物，弯道外侧宜加密种植以引导视线；交叉路口处应保证行车视线通透，并对视线起引导作用。

4）停车场的种植应符合下列规定：树木间距应满足车位、通道、转弯、回车半径的要求。庇荫乔木枝下净空，大、中型客车停车场>4.0m，小汽车停车场>2.5m，自行车停车场>2.2m。场内种植池宽度应大于1.5m。

3.4.5 城市公园相关节点举例

1. 主入口

案例一解析：

（1）类型。该节点属于轴线型主入口。

（2）学习点。

1）留有透景线，引导游人进入主节点，仪式感强烈。

2）类似于景观大道，注重开合变化（植物、构筑物、雕塑等），形成丰富的空间序列，达到观赏的高潮（主节点）。

3）注重集散，同时做好休憩停留场地，合理分流。

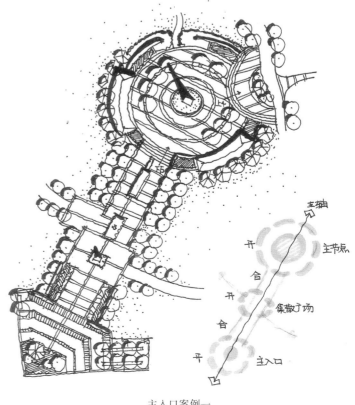

主入口案例一

案例二解析：

（1）类型。该节点属于道路型主入口。

（2）学习点。

1）种植池顺应曲线形式，同时合理分流，满足交通和停留。

2）末端延伸为观水平台，引导视线，也可做成高架形式。

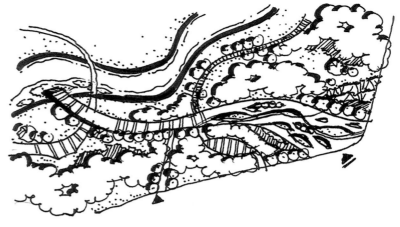

主入口案例二

2. 休闲观赏区

案例解析：

（1）类型。该节点属于下沉空间节点。

（2）学习点。

1）下沉式的休息空间，有效地隔离外部空间的噪声，营造安静的休憩环境。

2）曲线构图给人以温和、柔软的心理感受。

3）座椅的设置均有遮阴，十分人性化。

休闲观赏区案例

3. 儿童活动区

案例解析：

（1）类型。该节点属于学龄儿童活动区。

（2）学习点。

1）儿童的活动空间边缘进行密植，形成半开敞空间，可以有效地阻隔噪声、遮蔽视线。

2）折线构图，体现出了儿童活动空间的动感，非常具有儿童活动场地的特征。

3）通过爬床网架、滑梯等竖向设计，给人以丰富的观赏体验，并且符合儿童的活动以及心理特征。

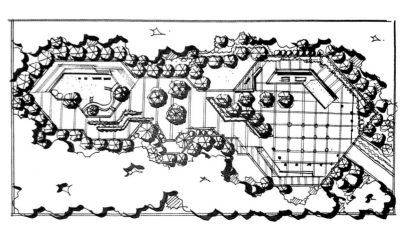

儿童活动区案例

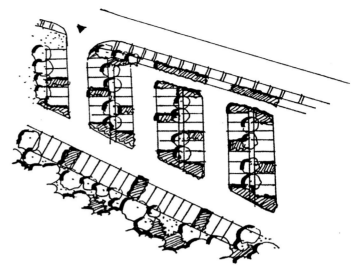

4. 生态停车场

案例一解析：

（1）类型。该节点属于灌木隔离型停车场。

（2）学习点。

1）采用绿化隔离和停车位结合的形式，保证安全性，并创造最大的遮阴效果。

2）结合下凹绿地、植草沟、透水铺装等海绵城市生态措施，体现场地的生态性。

3）场地面积较大时可以使用（灌木隔离带占面积）。

生态停车场案例一

案例二解析：

（1）类型。该节点属于嵌草铺装型停车场。

（2）学习点。

1）土地利用率高，同时满足绿化率。

2）留有人行出入口，方便通行。

3）适当用乔木进行遮阴。

生态停车场案例二

3.5 城市滨水区

3.5.1 概念

水者，地之血气，如筋脉之流通也。"仁者乐山，智者乐水"，寄情山水的审美理想和艺术哲理，深深地影响着中国园林。理水为诗情画意般的中国园林的重要组成。

3.5.2 水景的基本形式

1. 水按状态分类

（1）静水：湖泊、水塘、水池。

（2）流水：溪流、水坡、水道。

（3）落水：瀑布、水帘、跌水、水墙。

（4）压力水：喷泉。

2. 园林中常见水池的形式

（1）规则式水池。

（2）自然式水池。

（3）混合式水池。

3.5.3　水体的作用

（1）生态性：雨洪调节、生物多样性、城市气候调节、生态廊道。
（2）美观性：改善城市环境、提升空间品质、优化城市布局、展示城市风貌。
（3）社会性：市民休闲、游憩、交流空间，公共开放空间。
（4）文化性：展示地域性特征、城市文化载体。

3.5.4　城市滨水区的设计原则

1. 注意滨水空间的开放性与公共性

滨水空间作为公共的游览场所，为市民提供了活动与交流的环境。设计上应当秉持开放性的原则，因地制宜规划滨水空间，增强滨水景观的可达性。

2. 注意滨水景观设计尺度

节点营造时，注意节点尺度与滨水空间尺度的适应，在营造景观的同时注意对岸线的保护。
注意河道与河流的不同，根据不同类型布置节点。

3. 植物设计适地适树，种植一系列的水生植物

滨水空间的植物种植具有一定的特殊性，根据距离水岸的远近、水深的不同种植不同的植物。植物群落塑造注意层次感，通过植物设计进行对水岸的生态性设计，增加生物多样性。

4. 注意生态性设计

通过生态手段使滨水空间更加亲和自然，有利于城市的可持续性发展。可以通过营造湿地、利用水循环系统达到生态效益。

5. 充分展现当地文化

通过水系所产生的历史线索、城市文脉，构造地域特色。通过滨水空间的处理展示城市特色。

6. 注意交通的可达性，依据活动设计滨水景观节点

滨水公园作为城市市民活动交流的空间，需要通过节点设计承载公众的日常游憩休闲活动，可通过不同的距离产生人与水之间的不同关系。

3.5.5　城市滨水区的设计方法

1. 驳岸设计

园林驳岸按断面形状可分为整形式和自然式两类。

（1）整形式驳岸：大多规则式布局的园林中的水体，常采用石料、砖或混凝土等砌筑整形岸壁。形态设计上注意形状变化有致，与景观整体构图相适应。

（2）自然式驳岸：对于小型水体和大水体的小局部，以及自然式布局的园林中水位稳定的水体，常采用自然式山石驳岸，或有植被的缓坡驳岸。自然式驳岸具有较高的生态性。

岸边曲线除了山石驳岸可以有细碎曲弯和急剧的转折以外，一般岸线的弯曲宜缓和一点。回湾处转弯半径宜稍大，不要小于2m。岸线向水体内凸出部分可形成半岛，半岛形状宜有变化。凸岸和半岛的对岸，一般不要再对着凸岸或半岛，宜将位置错开一点。

设计要点：

1）注意水体水位的变化选择驳岸。
2）形态上呼应整体风格与构图。
3）驳岸材料选择尽量符合生态性原则。

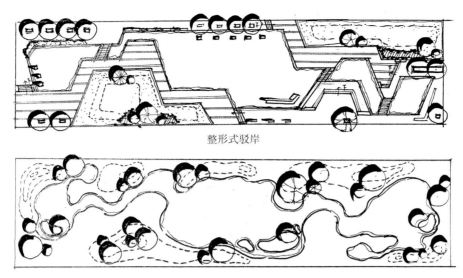

整形式驳岸

自然式驳岸

2. 滨水节点设计

滨水节点作为滨水线上的视觉汇聚点，应充分结合基地现状，布置亲水平台、游步道、自然植被等，从而营造丰富的滨水景观效果。

设计要点：

（1）滨水节点的设置要注意有景可对，突出其观景作用。

（2）主要的滨水节点在体量和丰富程度上都应该适当加强，辅助全园景观轴线的形成，也作为滨水岸线上的主要视觉中心。整个水岸的节点应当主次分明，具有大小、形态上的对比。

（3）空间与功能上应当注意面状的集散空间和线状、条状的通行空间的对比。

（4）注意尺度的控制，要注意整体景观设计的生态性要求。对于河道等特殊水体的节点，应满足特殊要求，如满足通航。

（5）立体化设计：道路方面，针对不同区段区分高低，丰富景观空间层次。对于驳岸，要在考虑到防洪、灌溉等功能的基础上进行多样的形式设计。

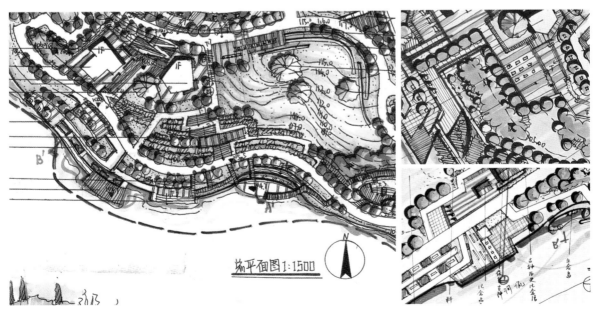

滨水节点设计

3. 水形设计

水体按形态可以分为规则式和自然式。

规则式水体通常有矩形、曲尺形、多边形、圆形等形式，有人工化的意味。而自然式水体是对大自然中的水体、水系进行模拟，表现起、承、开、合的自然式韵律。

设计要点：

（1）规则式水体。

1）形式简洁大方，与场地整体的平面结构相适应。

2）一般为体量较小的水池，也有规整沟渠、河道的岸线改造。若为人工建造的水池，需要注意体量不宜太大。

3）水池可作为视觉的中心，注意周围空间的丰富度。常常与景墙、雕塑、汀步、种植池搭配。

（2）自然式水体。

1）整体形式开合有致，注意起承开合的设计。

2）注意水流高差的设计。

3）驳岸可采用山石、草坡等，周围植配注意攒三聚五。

4）单独的溪流要有一定的环绕萦回，开阔湖面岸线需要有流畅的弧线，营造水系注意头、尾的设置。

4. 生态设计

对于基地自然生态环境的保护，是城市公园各方面良性可持续发展的基础；对于基地景观的塑造是滨水公园最终服务于人的必要途径。在城市滨水公园的设计过程中，应当同时重视生态和景观两方面的效果。

（1）构建湿地或滨水植物群落体系，形成生态循环系统，增加生物多样性。

（2）利用水循环、雨洪管理的生态措施来结合水景营造。

（3）通过生态浮岛的形式，修复水体并加强景观效果。

5. 水位设计

园林湖池的水深一般不是均一的。距岸、桥、汀步宽 1.5~2m 的带状范围内，要设计为安全水深，即水深不超过 0.7m。在湖池的中部及其他部分有划船活动的，水的深度可控制在 1.2~1.5m 之间，不宜浅于 0.7m。庭院内的水景池、小面积水池，可设计为 0.7m 左右。

设计要点：

（1）根据最低水位、最高水位设置不同的景观，形成季相性变化。

（2）建筑和主要园路宜设置在洪水位以上。

（3）必要时设计堤坝，可以根据堤坝设置景观。

水位设计竖向图

6. 植物设计

滨水的植物设计与水生植物的设计可以有效地控制水土流失，营造良好的生态系统。

（1）水岸上依据距离的远近布置不同的植物，离水岸较近的区域不宜布置一般的陆生乔木。

（2）水生植物的配置注意植物层次的构建。

7. 材料设计

（1）除了人工驳岸以外，自然式水岸不宜布置大面积的铺装节点。注意亲水平台的尺度与材料的选择。

（2）材料上选择亲水材料，根据不同的水位设置不同程度的亲水材料。

8. 感官效果的营造

（1）视觉上依据水体的特点，营造或波澜壮阔，或涓涓细流，或平静广大的景观。

（2）听觉上根据水流的声音，营造不同的景观效果，同时消除噪声。

（3）触觉上可以通过亲水平台近距离感受对水流的触感。

特殊的注意事项：

（1）首先注意常水位、洪水位等数据，注意水体的性质，是否是河道、排水渠、引水渠等特殊水体。

（2）基地内无水体的情况下要考虑设计水景是否合适。

（3）红线范围以外的水体是否可以引入场地，或是否能进行岸线改动。

（4）设计滨水节点注意多样性、生态性，并考虑土方平衡。

（5）注意滨水节点的安全性（参照规范）。

1）硬底人工水体的近岸2.0m范围内的水深，不得大于0.7m，达不到此要求的应设护栏。无护栏的园桥、汀步附近2.0m范围以内的水深不得大于0.5m。

2）溢水口的口径应考虑常年降水资料中的一次性最高降水量。

3）护岸顶与常水位的高差，应兼顾景观、安全、游人近水心理，并防止岸体冲刷。

3.5.6　城市滨水区相关节点举例

1. 以自然式为主的滨水节点

案例一学习点：

（1）岸线形式自然，观感舒适。

（2）道路体系顺应水岸，分级明确。

（3）节点设置丰富，尺度宜人。

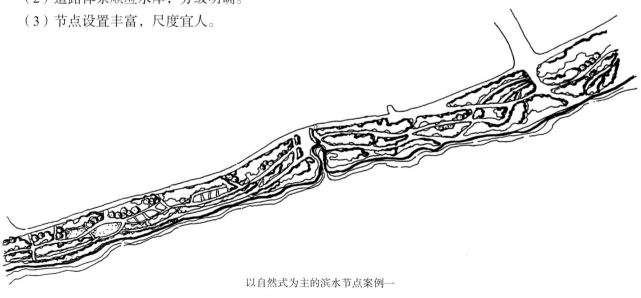

以自然式为主的滨水节点案例一

案例二学习点：

（1）生态浮岛的设置，增加水岸生态性。

（2）挑台设置便于观景。

（3）整体形式统一，功能性强。

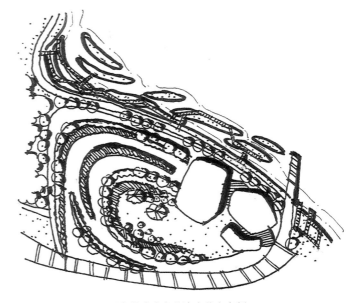

以自然式为主的滨水节点案例二

案例三学习点：

（1）人工节点尺度宜人，形式与水岸呼应。

（2）道路体系顺应水岸高差。

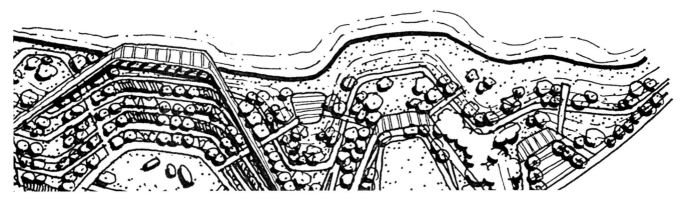

以自然式为主的滨水节点案例三

2. 以人工处理为主的滨水节点

案例一学习点：

（1）形式上规则式与半圆形栈道的结合十分舒适。

（2）栈道把水域划分为内外两个部分，对比明显。

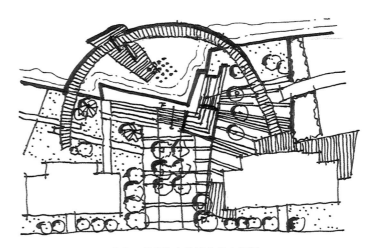

以人工处理为主的滨水节点案例一

案例二学习点：

（1）形式上与对岸互相呼应，又
以折线曲线的不同而区分。

（2）条状节点与块状节点交替使
用，形成视觉中心的同时满足通行需求。

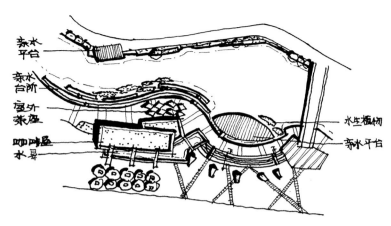

以人工处理为主的滨水节点案例二

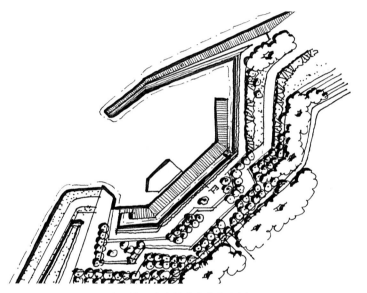

以人工处理为主的滨水节点案例三

案例三学习点：

（1）形成内外两个水域。

（2）亲水性强，形式上能够成为
视觉中心。

3. 混合式的滨水节点

案例一学习点：

（1）岸线既保留了植被的自然式处理，又保留了人工的形式与节点。

（2）场地联系性强，没有因为道路的分割而割裂场地联系。

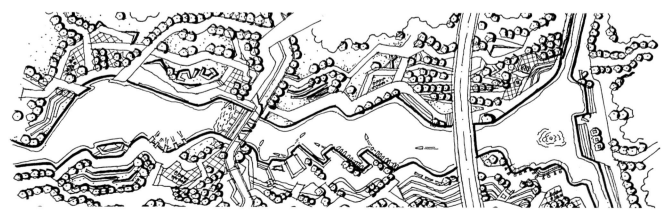

混合式的滨水节点案例一

案例二学习点：

（1）水岸的自然式节点与人工处理节点交错布置，形成既具有生态作用又保证游客活动的功能性滨水绿地。

（2）周边节点的丰富性与空间的多样性强。

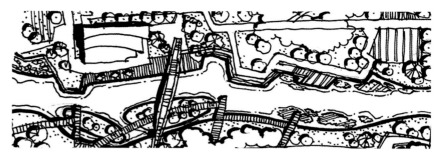

混合式的滨水节点案例二

案例三学习点：

（1）北边是典型的人工处理方式，南边为自然的植被与浮岛，南北形式互相区分又互相联系。

（2）道路系统分级明确，浮岛具有很强的生态性。

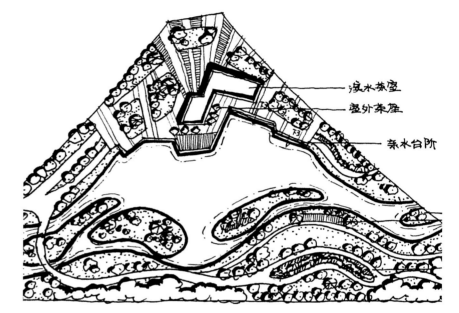

混合式的滨水节点案例三

3.6 山地公园

3.6.1 山地公园设计要点

山地公园设计必须密切结合场地所在地的地势地貌、生态环境、交通特点等实际情况来进行全面规划设计。一般可以包括登山区、观景区、入口集散区、休闲游憩区等，部分山地公园还可以设置亲水游憩区和儿童游乐区。

3.6.2 道路设计要点

1. 因地制宜原则

山地公园道路设计时应将等高线与道路分布结合考虑，等高线的设置不能一味追求美观性，要结合现有的地形条件、景观节点、开发难易程度、游玩线路等内容，避免对景观环境造成不可修复的破坏，合理利用开发资源，避免资源浪费。

2. 生态保护原则

顺应地形地势铺路，对生态系统的破坏降到最低，最大限度实现在设计中保护生态。

3. 融合性原则

优秀的设计应该是艺术、功能的结合，与周围自然环境中其他配套设施完全融于一体。开发中保证景观节点的可达性，对景观的色彩、材质重点把控，做到与自然环境和谐统一，为游客提供一个环境优美的游玩目的地。

4. 融合性原则

道路坡度（分为纵坡与横坡，横坡不需要在快题设计中处理，此处简略）应满足以下要求：

（1）纵坡是道路前进方向上下起伏的坡度，坡度不宜太小（不利于排水），不宜过陡（不利于行车及安全），同时对其坡长还有一定的限制（同一纵坡长不宜大于200m）。计算时，用高差除以水平距离，即得到坡度值（%）。

（2）主路、次路纵坡宜小于8%（考虑到无障碍设计），山地区域主路次路的纵坡应小于12%。

（3）支路、小路纵坡宜小于18%，超过就要设计梯道（梯道每升高1.2～1.5m设休息平台）。

（4）快题设计中最容易涉及的就是等高线打到园路上时是否满足纵坡8%的坡度规范，因此快题设计有个小技巧就是穿越主路的两根等高线之间要能放下两个平面树圈（10～12m），就能基本满足1∶12的纵坡要求。

3.6.3　水景设计

1. 可实施性和经济性

开发水景的过程中要因地制宜，结合现有地形地貌特点。设计时，可以将一些地势的优势利用起来，根据公园的整体地形基底特别是大型水体的位置，可以考虑选择地形较低的位置进行人工湖或是水上乐园等施工。

水源是景观设计中一个重要的因素，其中一个最好的解决方法是可以将雨水收集充分利用，结合当下成熟的海绵城市知识理论技术，合理开发和利用水资源循环，这样做不仅减少了水源的经济花费，同时也展现了人与自然和谐相处的画面。

2. 安全因素

由于山地公园地形复杂，在水景项目开发过程中，要考虑由于地形的变化而产生的一些安全隐患。因此水景要充分保证游人的人身安全，基本的做法是驳岸防护，同时可以在部分复杂地区内种植植物，对空间环境起到阻隔作用，保护游人安全，植物的防护方式要既具有美观性又能与环境融合。

3. 主题设计

主题设计是整个设计的灵魂，水景设计要结合主题内容，体现地域文化特点，可以通过水景进一步升华山地公园的主题。

3.6.4　植物设计

1. 注重植物种类的选择

根据不同植物的习性、植物特征，因地制宜，根据山体的海拔、坡向、坡度以及土壤等自然环境条件，根据现有的植物景观，合理搭配植物。

2. 合理搭配乔木、灌木、草花

合理搭配乔木、灌木、草花，选择具有不同季相的植物类型，丰富植物设计的层次感，营造视觉空间效果。

3. 优先考虑本土植物

本土植物在一定程度上适应当地的种植，同时具有一定的经济性。山地公园复杂的地形给植物的种植造成困难，要保证植物种植合理有效，营造出不同的植物景观空间效果，形成优美的色彩感受，为游人提供观赏环境。

3.6.5　高差处理方式

利用台阶、下沉空间、挡土墙（墙体、条石、石笼等）、覆土建筑、垂直陡坎、平地营造地形、自然放

坡等方式处理高差，可以营造花谷、森林体验栈道、滑草场、滑雪场、攀岩、极限运动场等多种景观和活动方式。

不同地形高差的处理方式

高差处理方式	根据功能	观景		结合地形做停留空间（桌椅、广场、看台等）
		景观		围绕或面对地形做停留空间（桌椅、广场、看台等）
	根据总体形态	上凸		结合乔木围合空间，为灌木、草花、动水水景提供更大观赏面
		下凹	面积＜100㎡	填平
			面积100～1000m² 深度＜进深×0.2	普通下沉广场、运动场
			进深×0.2＜深度＜进深×0.5	足够吸引人的、极为丰富的下沉庭院空间
			进深×0.5＜深度＜进深	特殊景观
			深度＞进深	变态景观（可做特殊的游乐设施）
			面积＞1000m² 深度＜进深×0.2	根据坡度处理边缘
			深度＜进深×0.2	根据坡度处理边缘，有瀑布的下设大水面
	根据坡度	＜30°		缓坡
		30°～45°		陡坎加固
		＞45°		陡坎加固、覆土建筑
		陡坎	高度0.3～0.5m	座椅
			高度0.7～0.8m	长桌（坐）
			高度1.2m	扶手、长桌（站）
			高度1.5～3m	景墙、攀爬墙、儿童活动设施
			高度3～6m	覆土建筑
			高度＞6m	瀑布
	根据界面	水	硬质驳岸	石阶、跌水
			软质驳岸	草坡、湿生植物、沙滩、石滩
		场地	运动场	看台
			其他场地 活动区边缘	休息设施
			活动区中心	活动设施

3.6.6 山地公园相关节点举例

1. 未改动地形，基础利用

案例一解析：

（1）类型。该节点运用挡土墙的处理方式。

（2）学习点。

1）曲线形式打破整体矩形的构图，气氛活泼；曲线形成收放的序列，集散和停留兼备。

2）在下沉空间的基础上，运用挡土墙并结合坐凳，打造停留小空间。

3）花带顺应曲线构图，整体和谐。

4）曲线带来多个视线关系，与其他节点联系紧密。

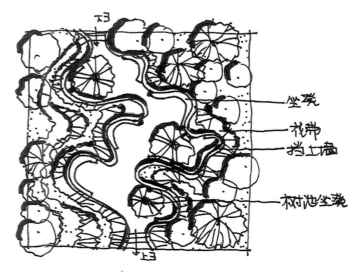

未改动地形，基础利用的山地节点案例一

案例二解析:

(1)类型。该节点运用高架桥的处理方式。

(2)学习点。

1)高架桥联系两岸,形成独特的观江步道,可远观,可近邻。

2)高架桥和其他道路形成丰富的垂直交通体系,加强游观性。

3)中部湿地岛屿,采用高架桥和亲水平台的形式,大大加强亲水性。

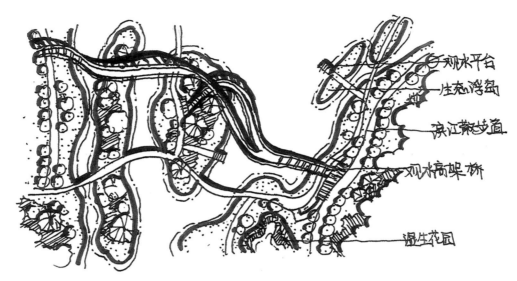

未改动地形,基础利用的山地节点案例二

案例三解析:

(1)类型。该节点运用云树围合的处理方式。

(2)学习点。

1)顺应场地地形,采用满足坡道规范的"之"字形。

2)步道和平台相结合,密林→草坡→密林→草坡,形成空间的开合韵律。

3)设有瞭望台,供游人休憩,体现以人为本。

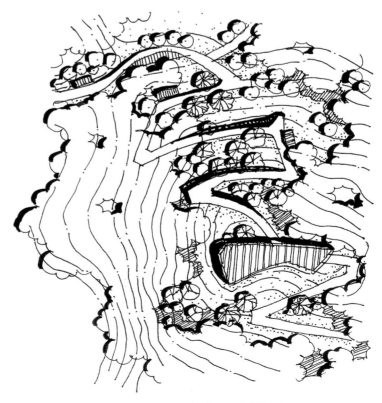

未改动地形,基础利用的山地节点案例三

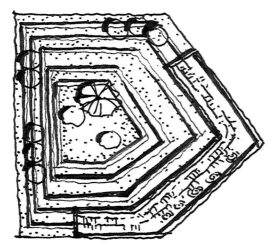

积极处理的山地节点案例一

2. 积极处理

案例一解析：

（1）类型。该节点运用台阶结合草阶、观赏植物种植的处理方式。

（2）学习点。

1）草阶与跌水的组合。

2）制高点处设置观赏大乔木，形成视觉中心点。

案例二解析：

（1）类型。该节点运用台阶结合草阶、观赏植物种植的处理方式。

（2）学习点。

1）坡道结合台阶以及种植池，形成多样的高差体验，设有休憩平台。

2）坡道结合微地形、挡土墙，加强竖向关系，折线构图形式简洁，满足坡道规范。

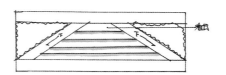

积极处理的山地节点案例二

案例三解析：

（1）类型。该节点运用台阶结合坡道的处理方式。

（2）学习点。

1）台阶和坡道可脱离，可相邻，二者交接于平台。

2）可结合绿植、看台、坐凳、挡土墙等。

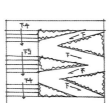
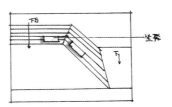
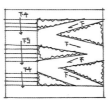
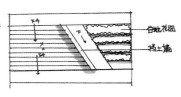
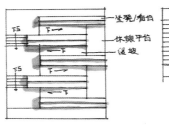

积极处理的山地节点案例三

案例四解析：

（1）类型。该节点运用台阶结合坐凳的处理方式。

（2）学习点。

1）利用滨江带的地形，因势利导做台地景观，层层递进，将视线引向水面。

2）台阶、坡道、坐凳和种植池结合，形式多样。

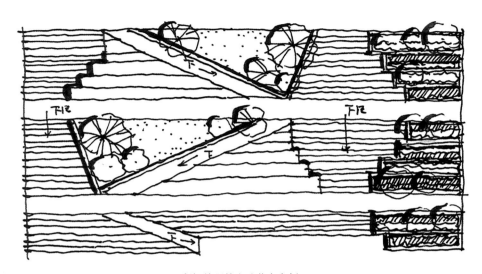

积极处理的山地节点案例四

案例五解析：

（1）类型。该节点运用台阶结合放坡的处理方式。

（2）学习点。

1）景观和已建建筑融合较好，形式感强烈，是建筑外环境的经典。

2）利用台阶、平台、跌水、草阶形成下沉观演区域，视线正对高架桥下的表演区，可进行商业演出。

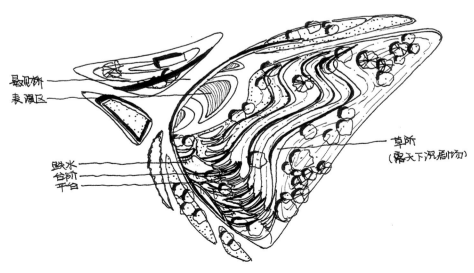

积极处理的山地节点案例五

第4章 风景园林快题设计案例解析

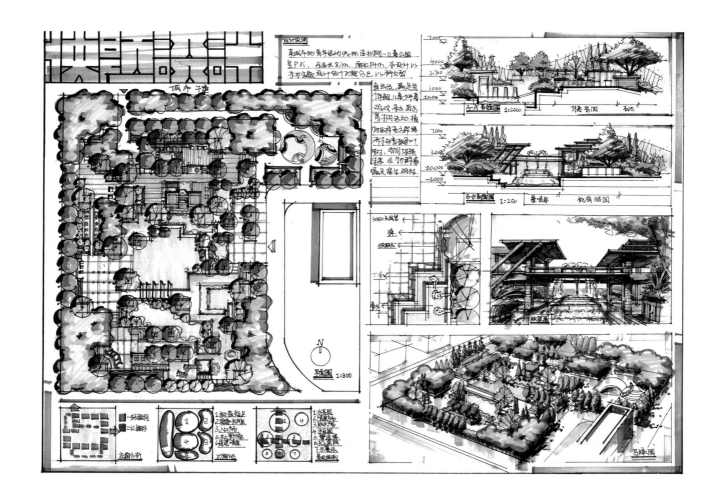

4.1　校园广场设计

题目来源：昆明理工大学 2012 年风景园林硕士研究生入学考试真题

考试时间：6h

1. 现状情况

某高校广场绿地设计。设计场地如下面所给平面图，图中打斜线部分为设计场地，总面积约 7000m²，标注尺寸单位为 m。设计场地现状地势平坦，土壤中性，土质良好。

2. 设计要求

请根据所给设计场地的环境位置和面积规模，完成方案设计任务，要求具有游憩功能。具体内容包括：场地分析、空间布局竖向设计、种植设计、主要景观小品设计、道路与铺地设计以及简要的文字说明（文字内容包括设计场地概况、总体设计构思、布局特点、景观特色、主要材料应用等）。设计场地所处的城市或地区大环境由考生自定（假设），并在文字说明中加以交代。设计表现方法不限。

3. 成果要求

（1）平面图（标注主要景观小品、植物、场地等名称）。

（2）主要立面图与剖面图。

（3）整体鸟瞰图或局部主要景观空间。

（4）透视效果图（不少于 3 个）。

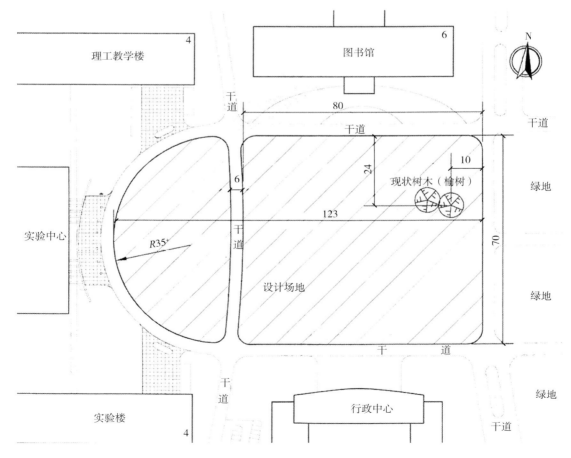

某高校广场绿地设计场地平面图（单位：m）

解题思路

1. 题意分析

（1）用地性质：场地为校园广场景观，注意结合周边环境。

（2）区位信息：场地四周均为校园干道，并有一条干道从场地中间穿过。

（3）场地信息：基地平坦，有两棵现状树木保留在场地中。

（4）人文信息：设计要求充分体现该校园的人文景观特征。

2. 关键考点

（1）路线设计：因为场地位于高校内，周边是教学楼、图书馆、行政中心等。高校广场绿地使用人群不同于普通广场绿地，主要是学生与教职工，如何通过路网设计解决上下课高峰期时段的人群来往交通和学生与教职工之间不同的动线，是本设计需要重点考虑的问题。

（2）动静分区设计：场地位于高校教学区，周围是图书馆、实验中心、实验楼、教学楼及行政中心等建筑。需要安静的工作学习环境，而任务书要求广场绿地具有游憩功能，因此设计中需要考虑如何通过合理的动静分区同时满足绿地游憩功能与周边建筑的使用环境要求。

（3）校园特色景观：高校校园绿地不同于社会公共绿地，在结构、布局、场地等方面进行设计时需要突出高校特色，营造具有校园氛围、学术氛围、知识氛围的景观。

3. 设计思路

（1）依据场地所处高校内以及场地的性质，准确对场地进行定位。

1）主要使用人群：师生。

2）场地功能：人群集散分流、社交休闲、人文展览、交流学习等。

3）营造气氛：人文气息等。

（2）梳理场地中的交通流线。在满足快速通行的同时还要确保场地之间的通达性。

（3）对图中给出的场地周边环境进行解读，得到其临近场地的区域应该被赋予的功能。

4. 知识点扩充

（1）校园广场设计要控制软质与硬质的比例。

（2）广场具有公共性、开放性和永久性。

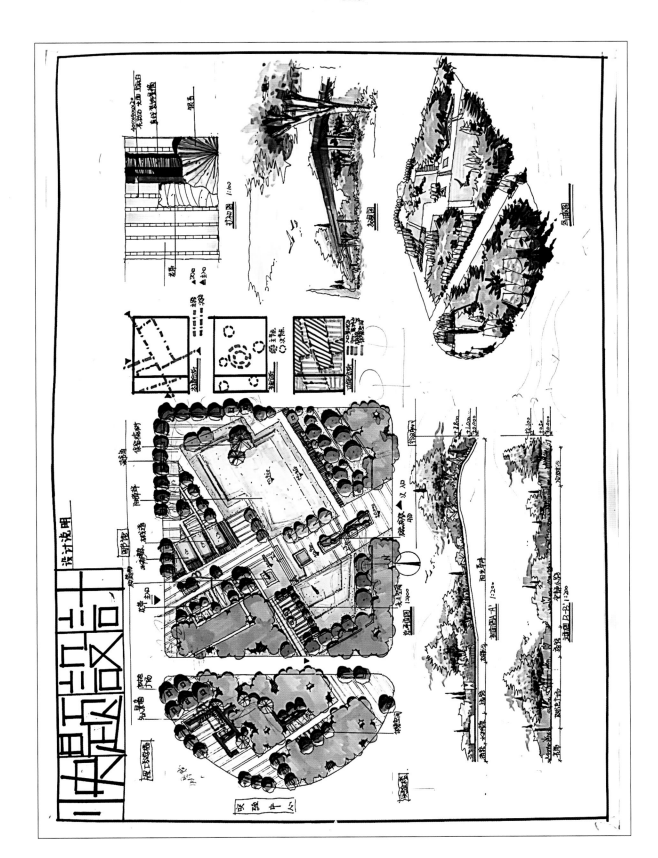

中心区设计

设计说明

评语

本快题设计方案形式感强，配色清新，表达生动；空间对比强烈，交通设计合理，轴线清晰且重点突出，但场地位置设计需进一步考虑，周边教学习环境，静因而绿地需安静的学习环境，因而绿地需进行动、静分区，喷泉水池设置隔离，及活动场地设置在地块内部较为合理。中心大草坪的竖向设计以及无障碍设计需进一步考虑一下。剖面图比例表达生动，但比例显得过大且与平面图对应不调，高差与平面图对应不上，效果图比例与平面图的比例也不正确，下一步要在表达上着重注意生动的基础上着重注意与其他意平面图与其他对应以图的正确意平面图的正确及合理比例。

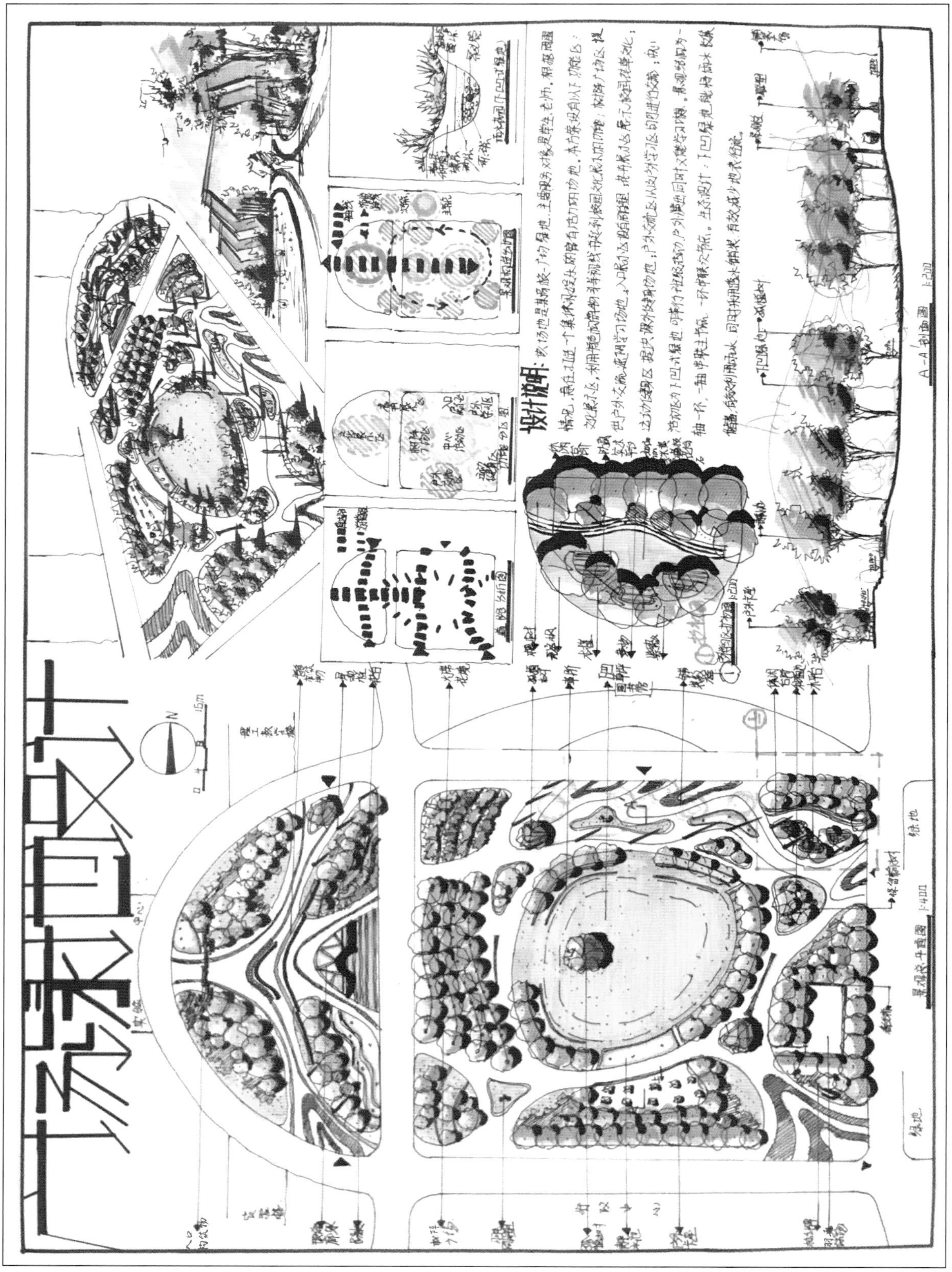

广场景观设计

评语

本快题设计方案形式感好，排版合理，配色淡雅，表现能力强，缺少外部环境，细节需要提升。但平面图图表达强与绿地的契合度的对比，中心广场及室外家具。但纵三横也快速交通设计缺合理，但中心广场突出有轴线不够缺计有小品及室外家空间的想法，小场地设计较细，有特色。节点表达清晰，材质分区分明确，植物配置合理。下一步需要提升场地细节设计，加入更多主题丰富，能够表达小品及特色的小品景观。

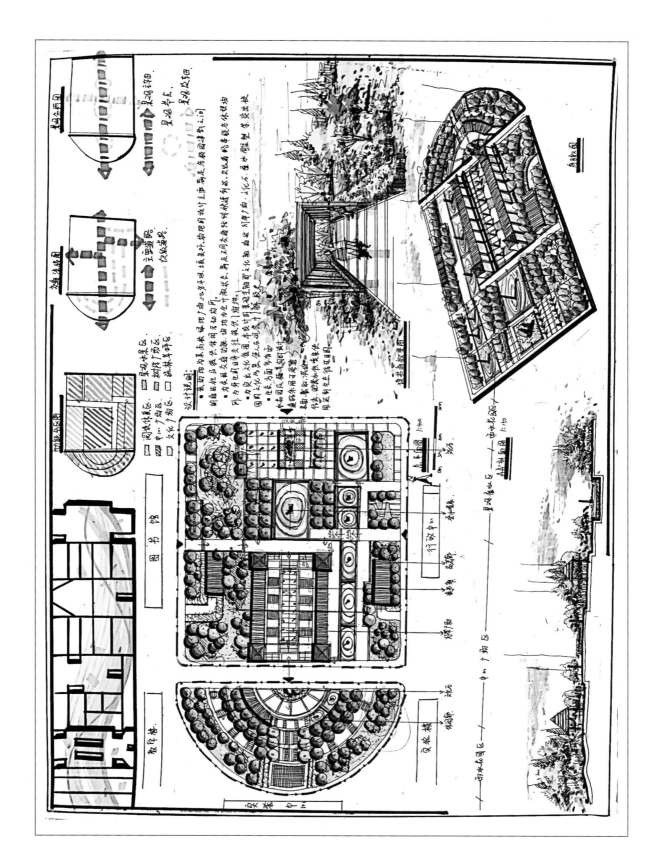

评语

本快题设计方案秩序感强，空间设计丰富，排版构图合理。方案边考虑到了周边教学区需求，设置成开敞空间，且地块边缘用植物围合，东西向主轴与设计合理。但方案中绿地率较低，部分场地缺少绿化，南北向快速交通不够明确，部分设计水景和小品设计欠缺合理性。同时场地内设置合阶，没有考虑无障碍设计，细节有待提升。下一步设计需要优点考虑实际情况，多参考案例，持现有优点的同时，在水景及小品设计上多下功夫。

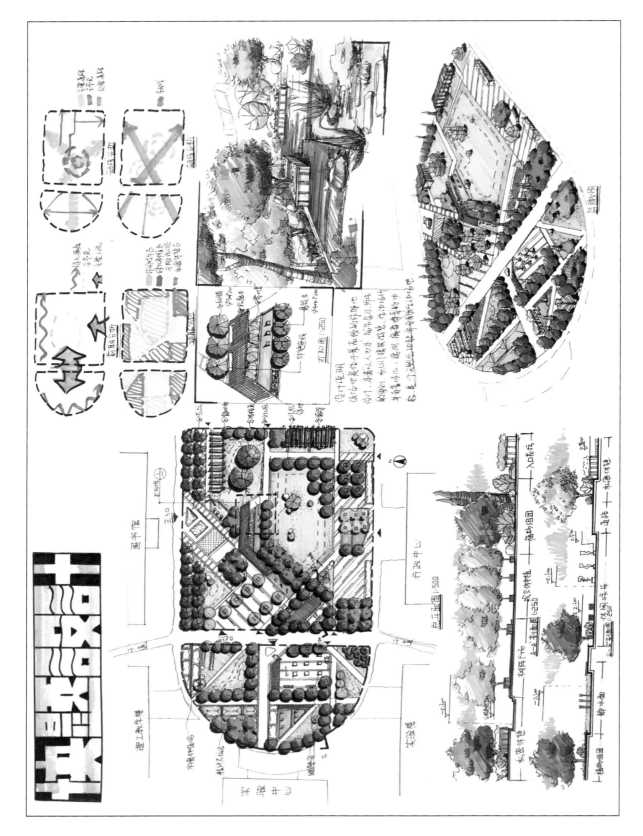

评语

本快题设计案例整体排版还可以，不过排版效果图和节点详图那里过于拥挤，平面图看着比较舒服，但中斜线过多，地中斜线比较舒服，看起来有些零碎，东侧场地整体看起来很舒服，硬质感觉可以更多一些，小空间丰富一些。节点详图所占排版面积过小，可以更丰富一些。鸟瞰图透视有些稍微简单了些。不够准确，透视效果图整体空间感很好，剖面图的整体感觉不错，但 **B-B'** 剖面图的植物不够丰富，林冠线不够丰富。

4.2 高校广场绿地设计

题目来源：天津大学 2020 年风景园林硕士研究生入学考试真题

考试时间：6h

1. 项目情况

中式建筑风格，场地南高北低，高差 4.2m，场地分为 A、B 两个地块，两个地块性质不同，其中 B 地块为自然土，A 地块覆土 1m。A 地块下方是半地下停车场，场地中间为车库人行出入口。A 地块与多功能楼南侧二层入口和活动中心西侧二层入口相连通由南面进入教学培训楼一层，B 地块与多功能楼一层出入口和活动中心一层出入口相连。

2. 设计要求

（1）考虑设计交通、水体、灯具，进行高差处理（垂直绿化、台阶或放坡）。

（2）若干分析图（包括竖向分析图）。

（3）2 ~ 3 张效果图。

（4）剖面至少两个（至少有一个体现 AB 两区之间的高差设计）。

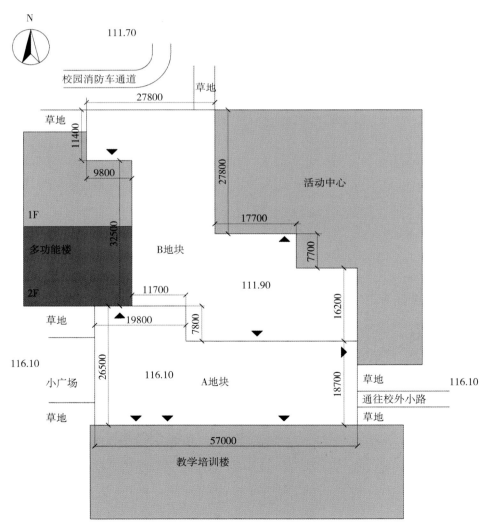

高校广场绿地设计场地现状图（单位：m）

解题思路

1. 题意分析

（1）用地性质： 本题属于校园景观绿地类型，但是偏向建筑外环境设计，并且包含了一部分屋顶花园的考点。

（2）区位信息。

1）场地外环境：场地北部为消防车通道；东侧为活动中心，有一个次入口；西侧为多功能楼，有两个主、次入口；南侧为教学培训楼，有主、次两个入口；场地西南侧有一个小广场与场地连接，东南角有一条通往园外的小路。

2）场地内环境：场地分为 A、B 两个地块，两个地块之间高差 4m 左右，且 A、B 两个地块地势平坦；B 地块为自然土，A 地块覆土 1m，地块下方是半地下停车场。在地块 B 处有一个人行地下停车场入口。

2. 关键考点

（1）用地性质： 因为场地为校园用地，面积较小，周围有建筑围合，所以硬质广场面积可以多一些。并且该场地属于校园景观中的教学区域，因此可以设置户外教学空间、安静休息空间、户外交流空间等。

（2）地形： 应该考虑场地的无障碍设计，形成完整的交通流线，局部可以营造微地形（如抬高广场、下凹绿地、雨水花园等）。场地内部较为平整，因此不需要考虑过多的高差变化。

（3）植物： 为了避免采光问题，建筑红线 5m 范围内不种植大乔木；并且由于覆土层较薄，A 地块屋顶花园处也尽量避免种植大乔木。

（4）水景： 场地内本身无水，所以尽量设计小型水景即可，不要涉及大型自然式水景。A 地块属于屋顶花园，因此在设置水景时更要考虑承重以及防水处理，如果屋顶花园设置了水景观，保险处理方法是将屋顶花园的断面图作为小图进行补充，或者在设计说明中进行讲解。

（5）小品： 小品设置应该符合校园环境，设置一些休憩设施，具有文化气息体现校园学术氛围的雕塑小品等，并且需要进行一定的灯具设置。

3. 设计思路

注意墙面的立面处理、无障碍设计、灯具设计，体现生态意识，并且必须有一个剖面体现地块 A、B 之间的竖向示意。

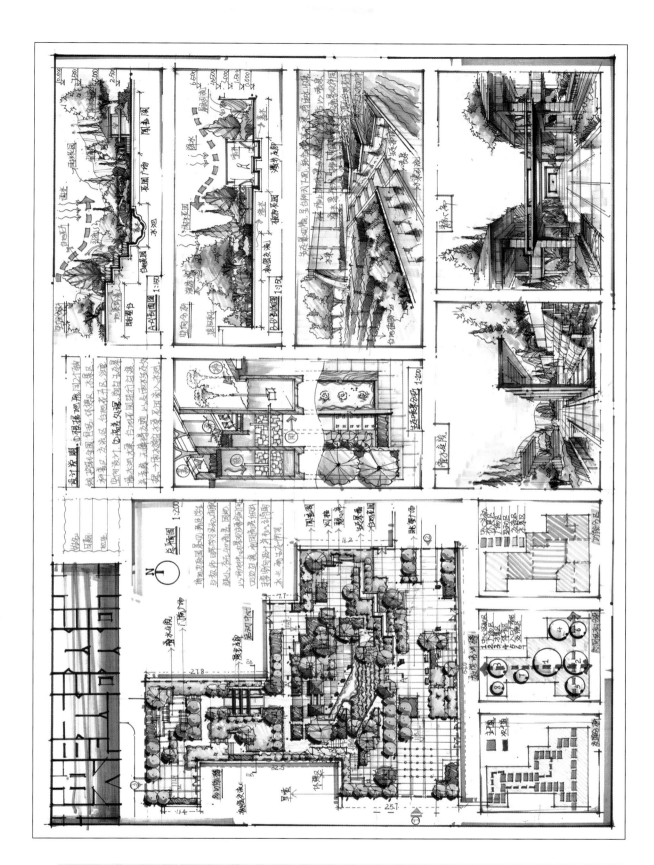

校园景观设计

设计说明：

评语

本快题设计方案整体形式感好，排版合理，配色清新淡雅，比较耐看，并且手绘表现能力较强。平面图场地内部主空间较为突出，节点层次较丰富，造景元素搭配较为合理，整个图面的开合和私密空间的对比较合理。A、B两个地块的高差处理阶，结合台阶的方式合理化解，并且竖向分析图与的匹配。立面图表达生动，植物层次和小品构筑物也很丰富。但A地块面积较大，应该对其立面再进行丰富，质铺装对校园文化应做进一步表达，比如设置主题雕塑等；下一步应对该图面完整度进行一定的完善补充。

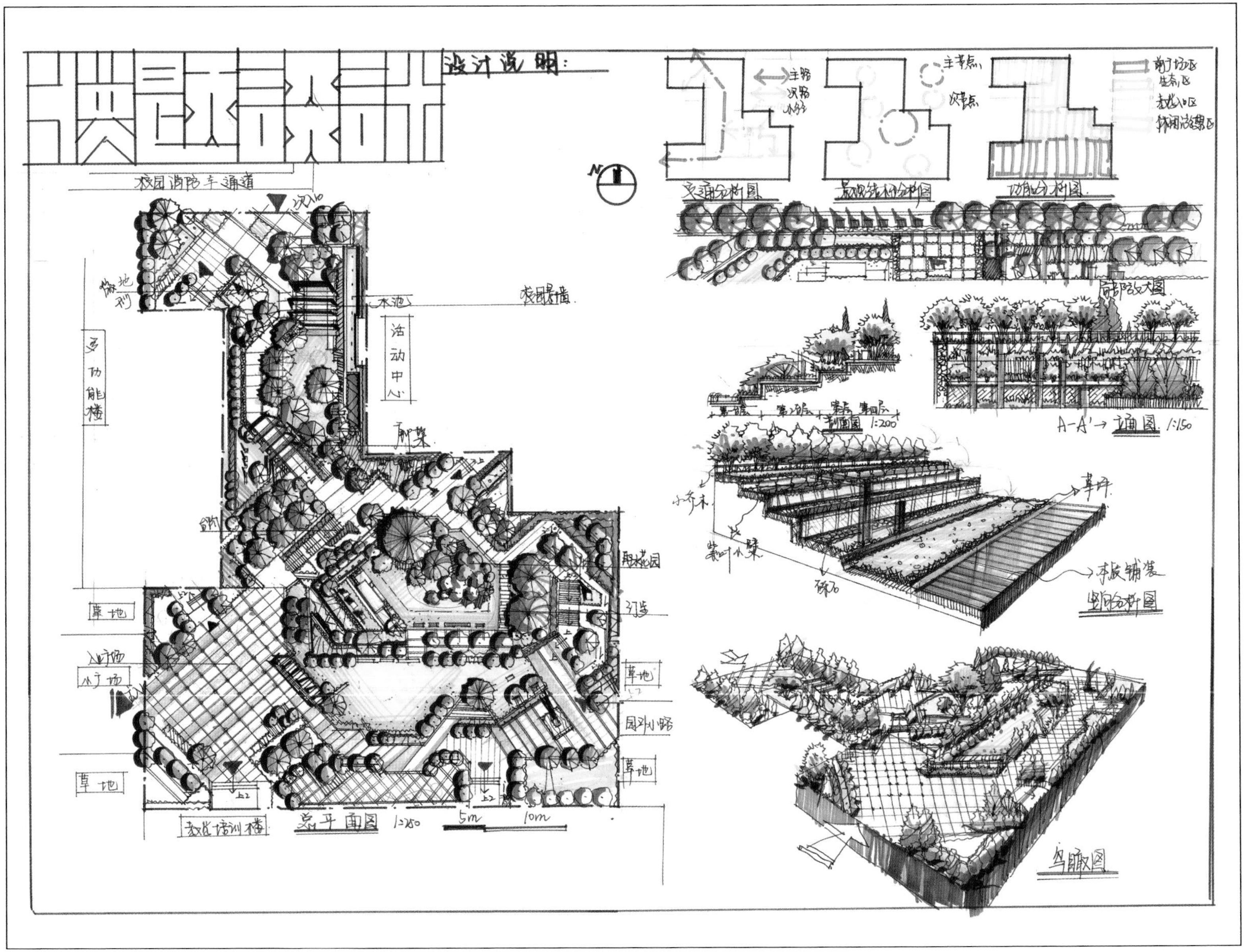

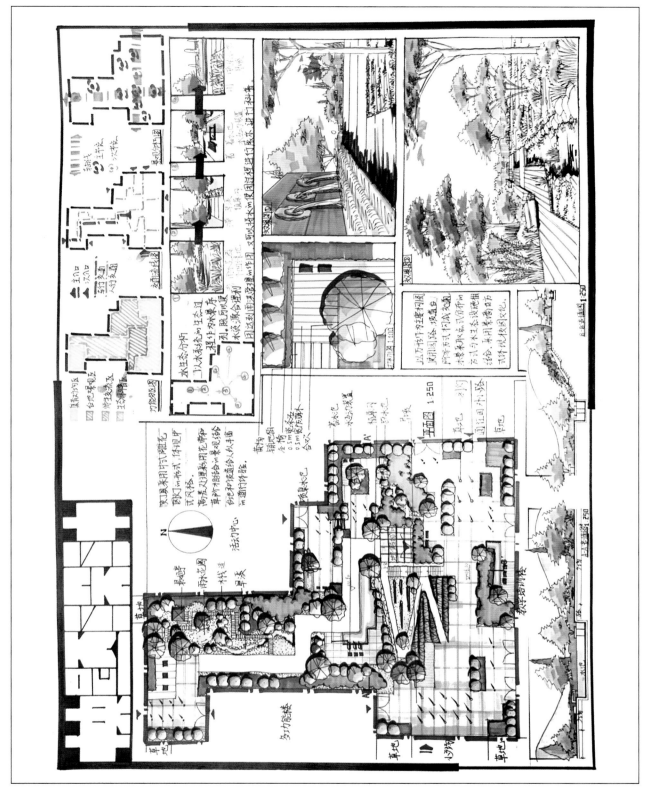

评语

本快题设计案例整体排版很舒服，但绘制剖面图的空间太小了，看着有些拥挤，水生态分析图部分也略显凌乱。平面图第一眼看上去比较舒服，但仔细看还是存在一些问题，首先是北侧留出的白色故意地看起来很突兀，这样的小尺度庭院不建议做一条路，最明显的道路，最好能跟其他场地融合为大面积硬质景观，南侧的单体建筑看着特别彼此之间缺少呼应。

最大的问题是种植设计，种植是有使得画面丰富起来，建议减少云树，用一棵树好看的单体树代替。水生态分析图那里文字排版有些奇怪，并且这些小图过小看不清，最好能画一张大图来表达。只是缺少空间感表达不错，感觉有点空远景，详点详图画得过于简单了，建议再多参绘几张提高表达能力。

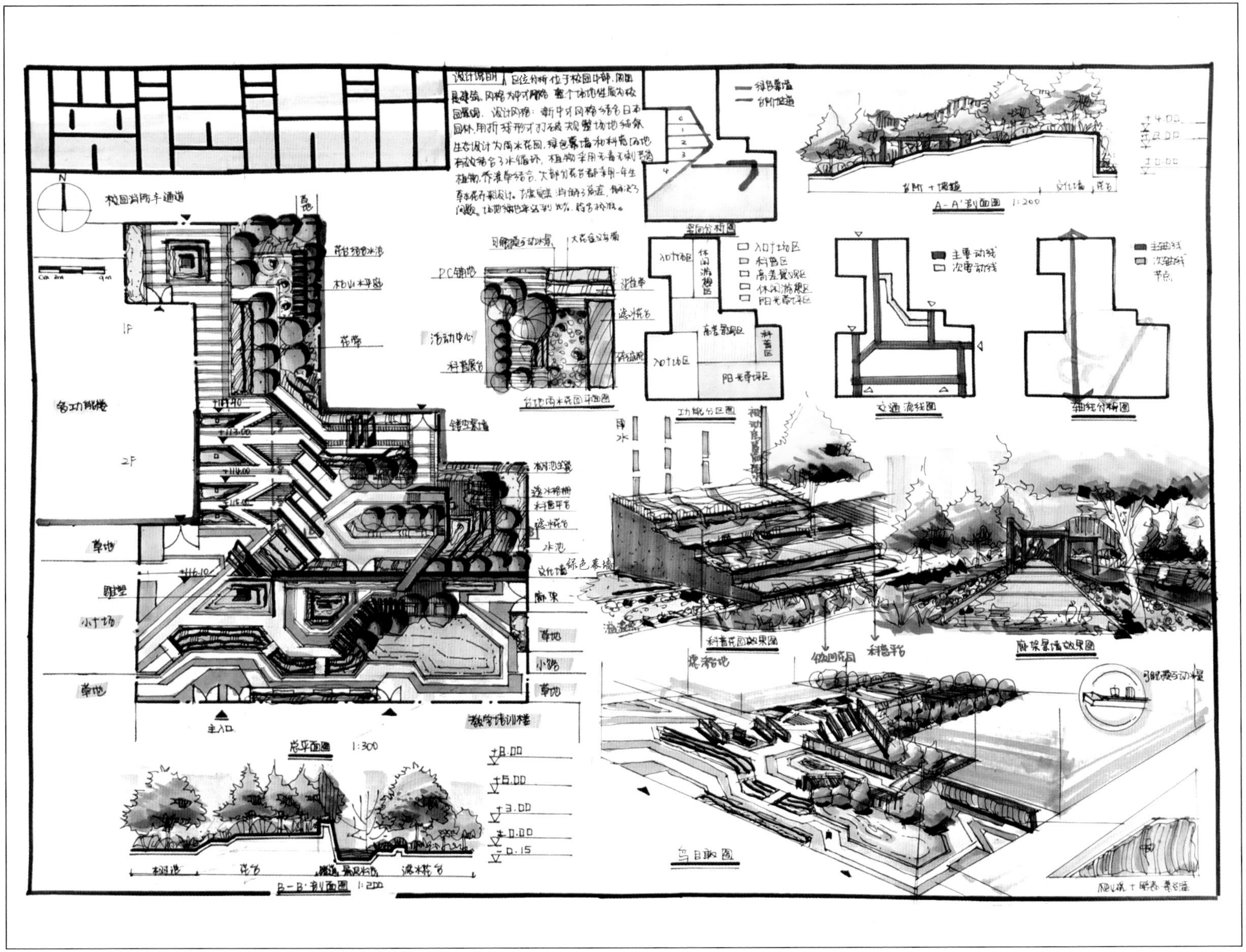

评语

本快题设计案例整体排版有一些拥挤，尤其是分析图和剖面图，以及效果图和生态分析图，建议以后排版以及各个图之前能够考虑好间的间隙。平面图看着还不错，除了局部一些形式不太统一外，画面整体比较和谐，南侧的花带画得不太好，阴影也画得过深。画架糊在了一起；场地北侧处理得不错，但景墙那里的形式有些突兀，建议再好好考虑一下各个地形之间的场地形式以及衔接方式，东侧的楼梯走向也有些奇怪。节点详图画得比较丰富，但是图画得有些大小了。透视效果图空间感不错，可以加上人物丰富画画面，鸟瞰图没能表现出场地高差变化，并且透视有些不准，还需要多加练习。

4.3　城市雕塑广场设计

题目来源：同济大学风景园林硕士研究生入学考试真题

考试时间：6h

1. 基地情况

（1）附图所示为长三角某大都市城市雕塑艺术中心规划图。该城市雕塑艺术中心位于城市核心区，是一个基于城市工业遗产改造，同时赋予其新的城市机能的综合文化中心。为进一步提升项目总体品质，现拟对该城市雕塑艺术中心广场进行景观设计。

（2）城市雕塑艺术中心广场为设计范围，面积约 1.42hm²，地形平坦，标高基本与周边道路持平。

（3）图示广场西南侧道路为城市交通支路，道路红线宽度为 8m，双向两车道；该道路东南方向接宽 12m 的城市交通干道，西北方向步行 10min 至地铁站。

（4）图中围合广场的"U"形建筑群为钢铁工业建筑改造，红砖外墙，两层，高度 10m 左右。其中 A、B、C 区已改建完成，一层为雕塑艺术展示空间，二层为引进各类画廊、艺术创作和艺术机构办公空间，以及与之配套的咖啡厅、酒吧等休闲空间，待改建建筑完成后将以商业办公为主。由广场进入建筑的主要入口如图"▲"所示。

（5）图示整个城市雕塑艺术中心东北侧的道路现状为宽 3m 的非机动车道，规划拓宽改建为宽 8m 的机动车道，双向两车道。

2. 设计要求

（1）强调外部空间在形态、风格上与周边建筑的协调性与整体性，并采用适当的方式体现广场的社会效益、生态效益。

（2）充分考虑周边建筑的不同功能和特点，实现建筑室内空间、功能向室外的延伸。

（3）广场需提供公共停车位 100 个。

3. 设计成果

（1）城市雕塑艺术中心广场景观设计总平面图，比例 1：500。

（2）各类分析图（功能组织、交通流线和景观结构等）2 个，可合并表达，比例自定。

（3）主要重点区剖立面图比例 1：100。

（4）广场局部透视效果图（鸟瞰图或平视图）1 个，图幅不小于 A4。

（5）约 100 字的设计说明，以及经济技术指标。

4. 图纸要求

所有成果均以钢笔淡彩形式表达在 2 张 A1 硫酸纸上。

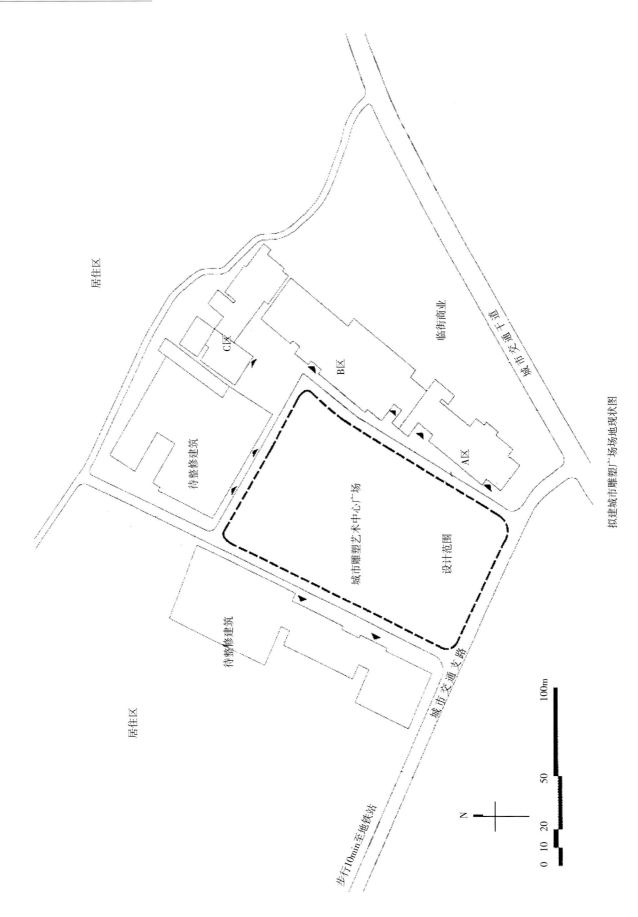

拟建城市雕塑广场场地现状图

解题思路

1. 题意分析

（1）场地性质：中小尺度广场绿地，定位为雕塑艺术中心广场（绿地率应在40%左右）。

（2）基地背景。

1）区域分析：拟定华北地区（植物选择、水域面积控制）。

2）所处位置：基于城市工业遗产改造的雕塑艺本中心（文化景观）。

3）现状地形：地形平坦，与周边道路持平（内部场地适当做地形设计）。

（3）周边环境。

1）交通：西南——城市支路；东南——城市干道；西北——步行10min至地铁站；雕塑艺术中心东北侧——改建为机动车道。

2）建筑："U"形的建筑群+钢铁工业建筑改造+红砖外墙（设计风格）。

2. 设计思路

（1）交通设计。场地周围三侧环绕展览馆、商业建筑，且周围城市道路错杂，需充分考虑人流流动方向，综合布置交通流线。

首先场地四侧均有人流来源，因此均需要设置硬质场所承接人流；其次结合周围建筑人流流动，场地南北、东西两侧均需要设置明确的交通路线；场地西南紧接地铁站，因此在西南角需留口引导人流通向地铁站。

（2）停车场布置。场地南侧接城市道路，北侧将改建为机动车道，南北两侧均有车流量，因此在南北两侧布置停车场均合理。需注意在南侧设置停车场时，要距离场地东南侧的城市交叉路口60m。另外入口和停车场要隔离，注意人车分流，也可将停车场用云树围合，进行降噪处理。

（3）功能区布置。广场很容易做空，需要在构图基础上通过功能区的布置来进行丰富，一般通过对基地环境分析来确定场地内适合布置哪些功能区。

首先场地东侧接近艺术展览建筑，因此可在东侧增加室外艺术展览区，结合艺术化的景观小品，创建偏动的空间；场地西侧建筑改为商业办公区，因此在西侧可设置室外休憩区，可结合树阵广场、室外茶座等丰富空间，创建偏静的空间；南侧紧接城市干道，主要设置偏硬质的入口区；此外雕塑艺术中心北侧有居住区，因此在场地偏北侧也可设置儿童活动区、老人活动区等。通过对场地周围环境的分析，一点点丰富空间。

（4）设计风格。结合周围环境确定设计风格。首先建筑为钢铁工业建筑改建且是红墙，这提醒我们在场地设计时可融入这些元素，如材质选取以钢铁为主，设置铁质的景观廊架、景墙等，并将其处理为红色；其次建筑功能突出艺术化，因此在场地设计时也要注重人文景观的打造，多增添一些艺术化的小品。

（5）构图形式。广场构图无论选何种构图形式，一定要有一个大框架，要有主次之分，不然很容易把广场做散，大框架可以是明显的主要道线、同种景观小品的贯穿或是景观轴线的设置等；另外构图元素不易选取过多，至多三种即可。

评语

本快题设计案例整体图面比较完整，排版规整目舒适，颜色也比较清新，手绘能力强。

平面图图面比较规范，对台阶、高差处理标注比较详细；交通流线比较明确，场地南北、东西两侧均设置了明显的主道路，同时西南角注意了留口，来引导人流；设置的景观元素均有差异，使整体小空间用差异，构图比较和谐，垂直直线式的构图和谐，垂直直线来打破垂直感，目局部通过一些斜线来打破垂直感，也使构图更加灵动。

效果图能比较好反映设计意图，刻画也比较细致。鸟瞰图路网表现清晰，植物近远景处理比较得当。

缺点：整体没有立面图。说明的位置，缺少立面图。平面图节点标注过少，整体空间处理过碎、过于均质，缺少一块比较整的活动场所，入口区的处理过于单调，交通上东西两侧的道路过宽，没有考虑无障碍设施，功能上没有考虑到室外展览空间。

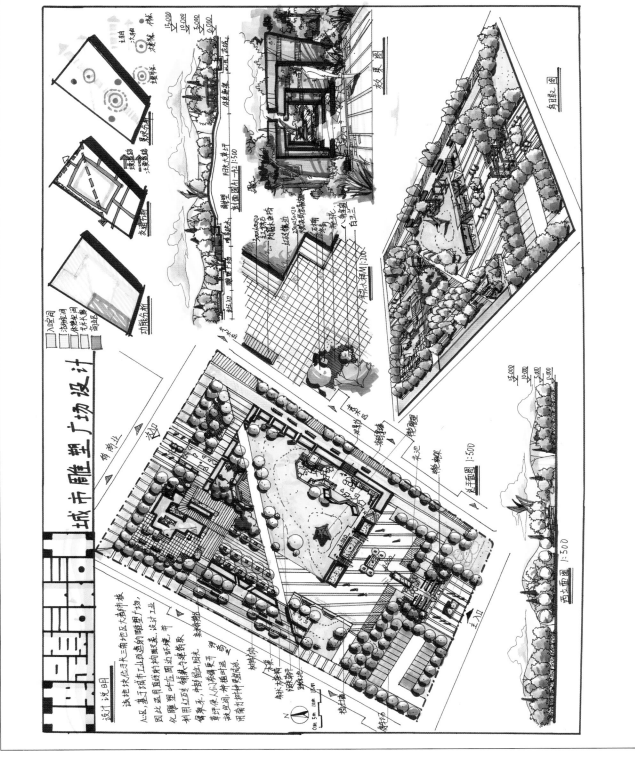

评语

本快题设计案例整体图纸布局比较饱满，大小合适且细节处理得当，制图比较规范，此外色彩搭配较为丰富。

平面图整体画给人感觉比较舒适，直线型的构图比较统一，且局部通过铺装、景观小品等以折线、不规则式来打破直线型，使整体构图不会呆板。交通流线处理上，东西两侧铺装过明显的主道路连接两侧和南北两侧是场地处理比较合适。中心阳光草坪和四周大小的活动空间运用的景观元素较多，处理得比较丰富。剖、立面图考虑到了景观文化丰富，远景近景层次基本拉开，鸟瞰图表现清晰。

缺点：整体图面中部平面图、扩初图、效果图稍显拥挤。场地四周硬质场地高线，退让稍多且处理单调；现通过主道路将场地分为两部分，但两部分分显得有点割裂，可将北侧局部铺装改得与南部主广场的铺装相呼应；中心阳光草坪区地形改造过大。此外，交通分析图表达不清楚；剖面图地形画得过高，高于5m，要注意按比例制图；扩初图选择节点过于简单。

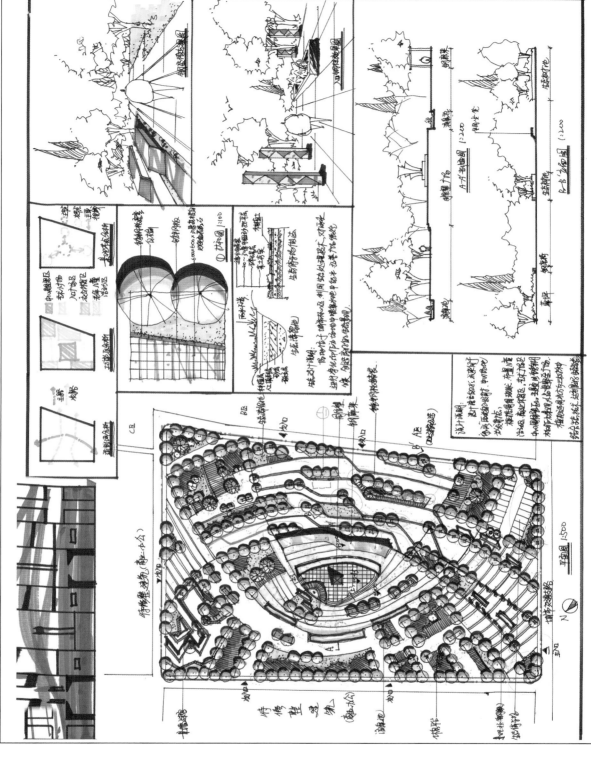

评语

本快题设计案例整体排版规整，条理清晰，图面比较饱满。

平面图为"心放射式"的构图，非常抓人眼球。功能区的布置比较合适，设置了展区览，静谧休憩，儿童游乐等等功能空间，且有主次之分，处理也比较丰富。交通上注意了西南角留空，引导人流。该方案最大的亮点是考虑到与周围环境的协调统一，将"铁"元素引入场地，运用了大量的锈钢材料且处理形式多样，结合功能，将锈钢材料处理为坐凳、文化雕塑、灯柱、景墙迷宫等。此外考虑到了生态技术的运用，值得学习。分析图考虑到了生态技术分析图，为加分项。

缺点：绿地率偏低；整体图平面表达不清楚。首先是线条面显得凌乱，其次是植物配置显得杂乱，此外草地镶嵌的小得乱，显得乱，休憩平台太多，或应当减少，或整合合为大一点的休憩场地。扩初图处理过于简单。剖、立面图缺少标高层次高变化。

4.4 公园入口广场设计

题目来源：天津大学 2016 年风景园林硕士研究生入学考试真题

考试时间：6h

某城市拟对一个公园入口广场进行设计，计划建设的用地情况及方案设计要求如下：

1. 用地概况

本次列入设计的入口广场位于某公园东南角，东侧为宽 30m 的城市主干道，南侧为宽 20m 的城市次干道，北侧为城市美术馆，旁有配套停车场，西侧为城市公园。在公园与设计基地间有自然式人工湖相隔，设计基地通过北侧和西侧两个公园道路通往公园内部（具体见附图）。

基地内部地势平坦，东西长 150m，南北长 150m，呈正方形。不需要考虑开设停车位。

2. 设计要求

（1）设计要求风格明显，体现时代气息，形成一个入口广场空间。

（2）设计需考虑用地现有环境条件，合理安排功能，尺度适宜。巧妙解决交通功能与整体布局问题，使基地与公园内部协调一致。

（3）设计完成后，即可作为公园入口广场，也可满足美术馆前广场的使用。

（4）植物配置应结合考生所在地区选择树种，营造植物景观。

3. 设计内容

（1）总平面图，标注主要景点、景观设施，比例自定。

（2）剖、立面图 1~2 张，标注标高，比例自定。

（3）分析图不少于 3 张。

（4）透视效果图 1~2 张。

（5）局部详图 1 张。

（6）设计说明（150 ~ 200 字）。

4. 图纸及表现要求

（1）图纸规格为 A2（594mm× 420mm）。

（2）用纸自定。

（3）总平面图、平面图、剖面图，使用工具与徒手绘制均可。

（4）效果图务必用色彩表现，表现技法不限。

5. 评分标准

（1）环境构思与规划造型：30%。

（2）使用功能与空间组合：30%。

（3）图面表现与文字表达：40%。

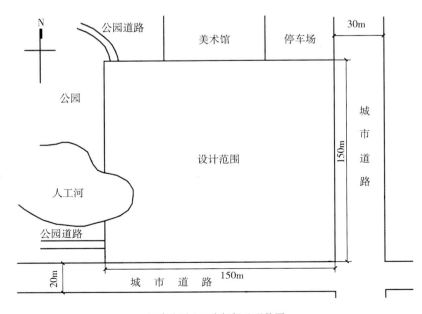

拟建公园入口广场场地现状图

解题思路

1. 题意分析

（1）用地性质：场地为公园入口广场，注意结合周边景观。

（2）区位信息：场地位于城市公园东南角，场地北侧为城市美术馆，东南两侧为城市道路，为主要进出通道。

（3）场地信息：基地平坦，西部紧邻公园自然式人工湖。

（4）水文信息：设计要求充分体现场地内水体与西侧公园的借景关系。

2. 关键考点

（1）场地作为公园入口广场的同时，也是美术馆前广场，应注意设计足够人流集散的场地。

（2）场地与公园人工湖相接，水体开口位置不能更改，并且要注意亲水设计以及视线引导。

（3）应注意西侧、北侧开口方向，应当与公园道路有良好的衔接关系。

（4）注意整体设计风格，应当体现时代气息。

3. 设计思路

（1）初级：合理组织人流，满足人流集散，适当增加功能。

（2）中级：充分利用水体，丰富驳岸设计。

（3）高级：注重形式轴线设计，结合生态理念，注重公园与广场之间的过渡。

4. 知识点扩充

（1）出入口：城市道路交叉口处不宜设置出入口。

（2）滨水空间：湖体水面大都比较平静，水位较为稳定，比较容易形成亲水空间。应具体情况具体分析，常常通过内部组织，达到空间的通透性，保证与水域形成良好的视觉走廊。

（3）植物：规则式种植在快题设计中多用于轴线中以强调空间，加强轴线效果或用于广场中的树阵以引导人流，体现对称感；自然式种植更能够体现轻松活泼的气氛。在这次设计中，应当采用规则式种植和自然式种植相结合的方法，强调空间的同时，与西侧公园良好过渡。

评语

本快题设计案例整体上色以灰色调为主，图面表达高级，场地刻画细致。植物表达丰富，具有明显的乔灌草搭配及植物群落结构，草坪空间围合感较强，整体表现具有视觉冲击力。场地铺装刻画较为细致。效果图前中后景表达明确。但场地西侧入水口改动较大，不符合"因地制宜"的设计原则。场地路网复杂，过于零碎，主要流线不够突出，通达性较弱。半开敞空间过多，用于集散空间较少，用于集散空间较少。

评语

本快题设计案例的形式比较独特，以45°线贯穿场地，整体设计简洁明了，但缺少景观要素与斜线的结合，在设计过程中，应当避免纯粹的形式主义。整个设计所用元素不多，虽然基本满足功能要求，但在细节刻画上还有非常大的提升空间。水体驳岸全部硬质化处理，虽然缺乏生态了亲水性，但是缺乏注意画面出性。平面图应当注意营造出丰外部环境。场地的高差变化，富的高差变化，也进行了无障碍得坡道设计细致，但说明该同学考虑设计的内容，当高程存在变化时，应当在平面图上标出标高。

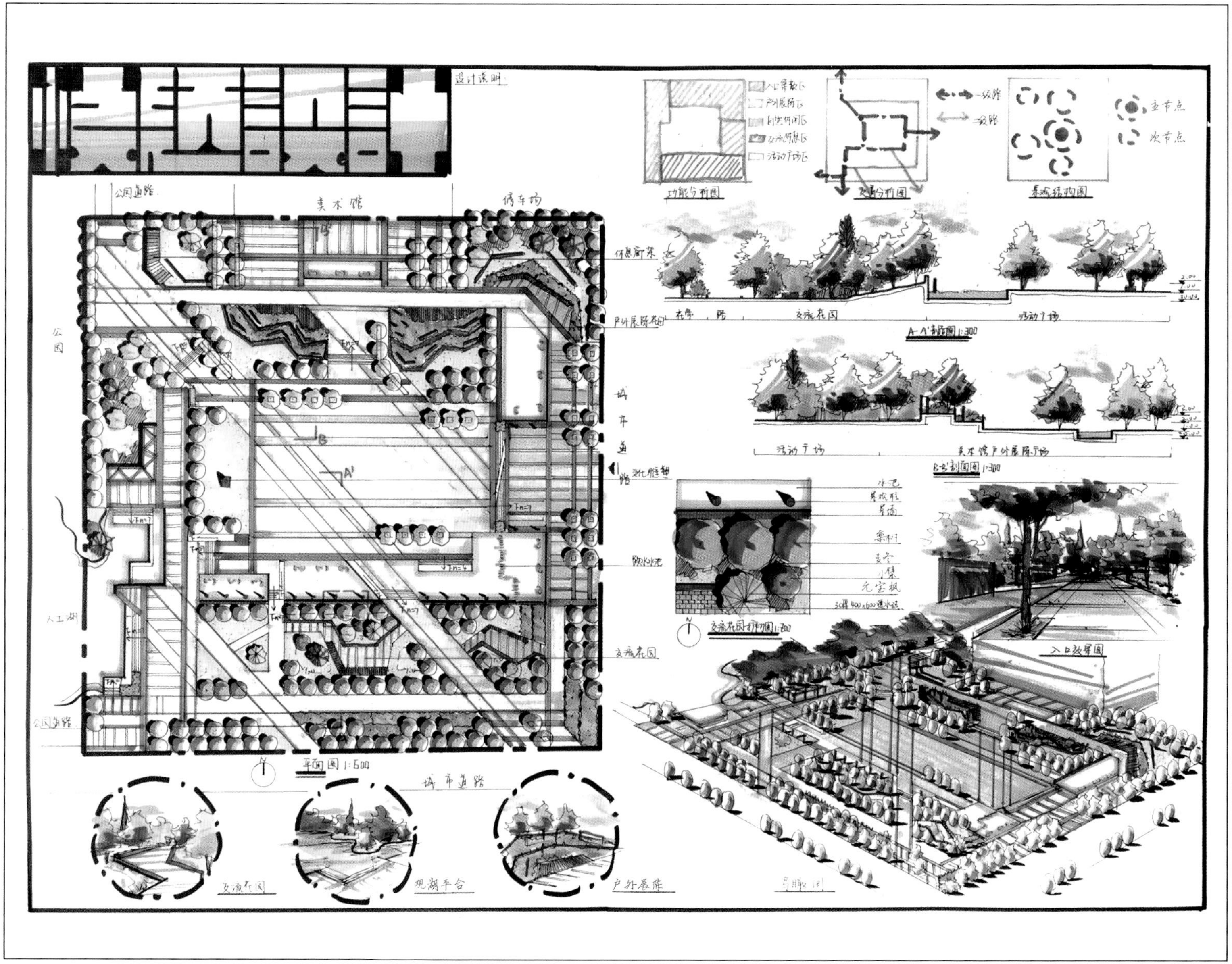

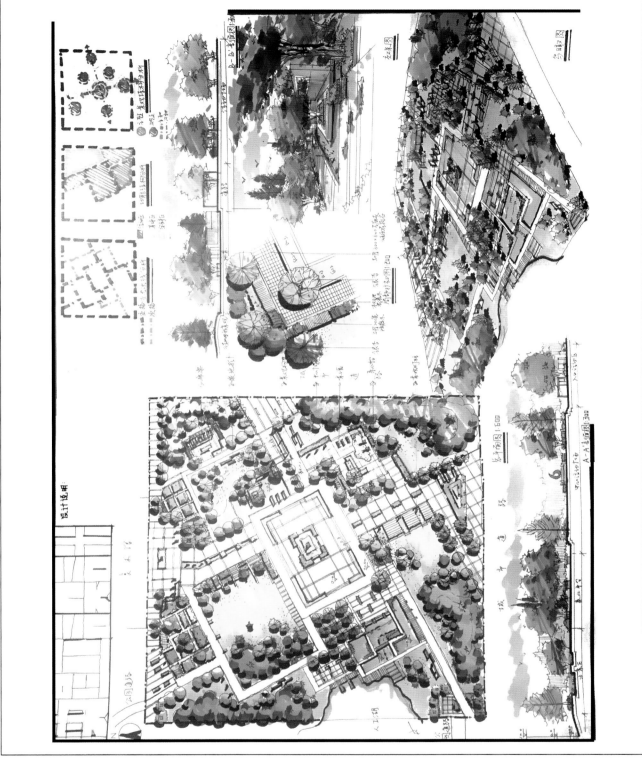

评语

本快题设计案例从整体来看，布局规整，简洁明了，尺度把握恰到好处。整体感较强，体现出该同学较强的手绘功底，色彩统一，内容丰富，整体呈现大气细致，图面排版合理。规范细节均做得不错，效果突出，轴线明显。植物种植方面做到了疏林草地与多层种植相结合，使得整体空间明暗对比突出。美中不足的是铺装有些简单，并且铺装形式把场地划分得有些零碎。总的来说手绘表达能力很好，节点详图和剖面图画得细致，效果图和剖面图表达得也很好，鸟瞰图表达得也很好，只是有一点点透视问题。继续深化方案以及鸟瞰图的练习。

4.5 水主题科普公园设计

题目来源：天津大学 2018 年风景园林硕士研究生入学考试真题

考试时间：6h

1. 现状情况

在北方某城市的一个少年宫的场地内，设计一个水主题的科普公园，体现节水和生态原则，结合水池、公共艺术、铺装、娱乐设施进行设计，用地呈 P 形，东西长 82m，南北长 84m（具体详见附图），北紧靠城市道路，东侧为场地内部小路。

2. 设计要求

（1）要求主题突出，风格明显，体现时代气息，形成一个开放性空间。

（2）设计需考虑用地周围环境条件，合理安排功能，尺度适宜，满足城市周边环境的要求，并巧妙解决好交通功能与整体布局问题。

（3）设计时要以水景为主，做到寓教于乐，并设计一定数量的儿童活动场地，突出公园水的主题。

（4）设计园灯，并对灯具进行布置。

（5）设计时应结合景观与自然生态的和谐性。

（6）植物的配置应结合华北自然条件选择品种，营造植物景观。

3. 成果要求

（1）总平面图一个（比例自定），要有尺寸标注。

（2）剖面图 1 ~ 2 个（比例自定），注意标高。

（3）分析图若干，比例自定。

（4）总体鸟瞰图一个。

（5）节点详图一个，比例自定。

（6）设计说明 150 ~ 200 字。

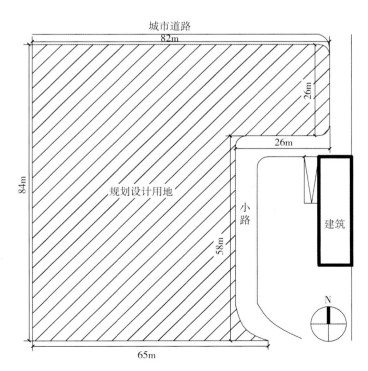

拟建水主题科普公园场地现状图

解题思路

1. 题意分析

（1）用地性质：场地为水主题科普公园，注意要结合水主题进行设计。

（2）区位信息：北侧为城市道路，东侧为场地内部小路。

（3）场地信息：场地东南侧有一个少年宫。

（4）水文信息：设计要求以水景为主，体现公园水主题。

2. 关键考点

（1）对于水科普主题的把握。

（2）对于节水以及生态性原则的体现。

（3）如何在平坦地面中营造出彩的立面效果。

3. 设计思路

（1）主出入口的选择：因场地南侧和西侧外部情况没有交代清楚，不建议在此设出入口。主入口的选择有两个，一个是可以设置在少年宫西侧的场地，另一个是可以设置在北侧临靠城市道路的场地。

（2）节水和生态的体现。

1）"节水"的生态性原则不仅体现在收集雨水，更在于实现雨水在场地内的循环利用。

2）收集雨水：雨水花园，在场地的下凹汇水处设置，可设置多个，注意面积和下凹深度；植草沟，可以沿路边设置，也可在广场上设置，但收集雨水量较少；旱溪，其实可以兼顾收集和利用雨水，能让节水过程可视化，还可以提高场地的娱乐性，没有下雨的时候就是场地，下雨的时候就是浅浅的溪流，可以设置在广场或者道路沿边等。

3）循环利用雨水：利用截水沟、植草沟等雨洪设施收集雨水，之后利用雨水花园、梯田等对雨水进行净化渗透，之后利用蓄水池、水箱等对雨水进行储存，最终设置景观水池、旱喷、喷泉，对雨水进行再次利用，也可以将其与水生态科普相结合。

4）雨洪管理表现的多样化：可以通过平面图文字标注、剖立面图、节点详图以及分析图来表示。剖立面图中通过对雨洪设施的截面表达以及雨水流向表达来体现雨洪管理；节点详图中利用植草沟、等高线等表现；利用竖向分析图、雨水流向分析图进行表示。

5）青少年活动场地：因少年宫的使用人群年龄跨度较大，从幼儿到少年。因此建议分两个年龄段设置场地，一个针对幼儿（对安全性要求更高），一个针对少年（建议提高娱乐以及文化科普功能）。

4. 知识点扩充

（1）海绵城市的特点可以总结为"渗、滞、蓄、净、用、排"。海绵城市的建设可以通过多种技术措施实现，例如生物滞留池、植草沟、渗透沟、透水铺装、净水湿地等。

（2）青少年比任何年龄段都有亲近自然、求知的欲望，作为青少年科普公园的设计要考虑融入自然、寓教于乐。

评语

本快题设计案例有很强的秩序性，表现尚可，且完成度很高。规划成但又不死板，对空间进行了细致的划分，兼顾了功能与美感。鸟瞰图和效果图表现都很有视觉冲击力，剖面图表现出了设计中的主要景观要素，整体看来没有什么问题。但要注意道路主次道路等级应当明确，主路支路区分还不够明显。

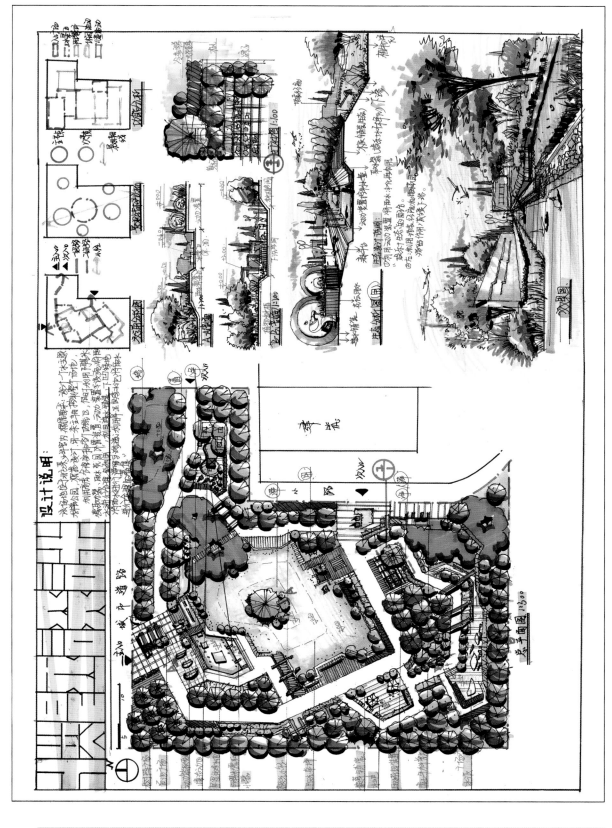

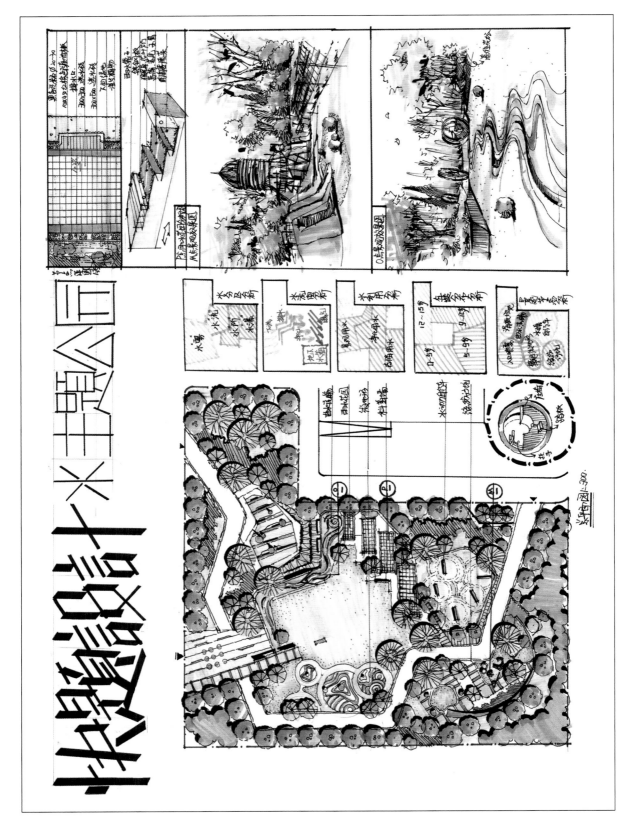

快题设计 水主题公园

评语

这是一幅让人非常舒服的快题设计作品,不论是其排版表现,还是排版布局,疏密设计得宜,图量整体清爽,这些都会给评图人留下很好的第一印象。本案例采用了折线为主的形式,大体上还是环路串节点的设计思路,并且一些节点非常独特,没有硬伤。树的景观体现出活泼的氛围。绘制非常好看,效果图通过不同的配置展现出不同的参与性活动,体现出不同的功能,大气,并且线条流畅,是较佳的比例,图绘制的佳例,如果能够加上活动中的人、表现出空间氛围就更好了。

4.6　城市体育公园设计

题目来源：浙江农林大学 2020 年风景园林硕士研究生入学考试真题

考试时间：3h

1. 场地概况

随着我国城市化进程的不断加快及城市居民精神文化生活需求的逐渐提高，为响应全民健身的号召，增强居民身体素质，现拟对该区域进行体育公园设计，使其成为具有完善体育运动基础设施和良好生态环境的体育公园。

该城市地处华东地区，总面积 4.8 万 m^2，南临规划医疗用地，北面临近原有民居，东西两侧紧邻规划商业住宅用地，场地内部有河流穿过，并且有 11 棵胸径 9～13cm 不等的、生长良好的枫杨。河流丰水位为 1.2m，常水位 0.8m。场地现状为农田和部分鱼塘。公园应设计汽车和自行车停车场，数量自定。场地中应设计一个管理和餐饮建筑，以及两个厕所。公园还应设置一个五人制足球场、篮球场、排球场、网球场、门球场以及慢跑道。

（1）篮球场尺寸：28m×15m，缓冲区域长 2m、宽 2m。

（2）五人制足球场尺寸：长 38～42m、宽 18～22m，缓冲区域长 6m、宽 4m。

（3）网球场尺寸：长 23.77m、宽 8.23m，缓冲区域长 6.40m、宽 3.66m。

（4）排球场尺寸：长 18m、宽 9m，缓冲区域长 1m、宽 1m。

（5）门球场尺寸：长 20m、宽 15m，缓冲区域长 1.5m、宽 1.5m。

认真分析现状基础资料和相关背景资料，研究基地自然特征、公园片区环境与基地的相互关系，形成设计理念，提出体育公园设计的布局结构。

合理组织交通，分析基地与道路的关系，协调公园布局与出入口布局，内部的游线组织方式和交通系统组织。

2. 内容要求

（1）文字说明及植物名录（15 分）：①阐明所作方案的总体目标、立意构思、功能定位及实现手段，字数 500 以上；②写出本设计主要植物名录，不少于 10 种。

（2）方案设计（135 分）：①合理利用现状条件，突出体育公园设计的合理性（10 分）；②要求按照题目，因地制宜进行规划设计，提交 1∶500 设计总平面图（55 分）；③绘制一张 1∶200 的、面积不小于 3000m^2 的主要节点平面图，要求绘制详细的铺装、建筑设计、小品设计、植栽设计（30 分）；④绘制两张主要节点的效果图或两张 1∶200 的剖面图（20 分）；⑤绘制一张幅面不小于 A3 的鸟瞰图（20 分）。

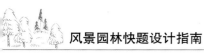
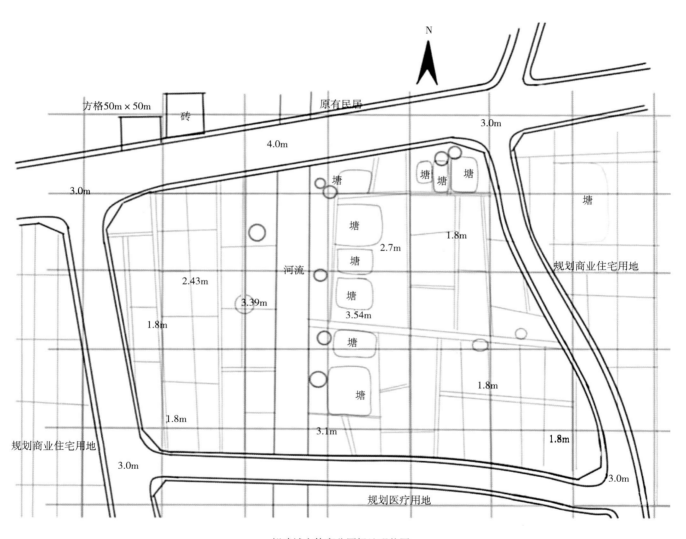

方格50m×50m

砖

原有民居

4.0m

3.0m

3.0m

塘

塘 塘

塘

塘

2.7m

1.8m

河流

2.43m

3.39m

塘

1.8m

塘

3.54m

规划商业住宅用地

塘

1.8m

塘

1.8m

1.8m

1.8m

规划商业住宅用地

3.0m

3.1m

3.0m

规划医疗用地

拟建城市体育公园场地现状图

解题思路

1. 题意分析

（1）体育公园应具备完善的运动基础设施，开展全民健身运动。

（2）健身步道可安排在主园路一侧，绕场地一圈。

（3）室外球场必须南北走向，避免阳光直射。

（4）场地四面紧邻城市道路，四面都设出入口，方便居民的活动需求。

（5）东西两侧为住宅，应把康养健身、儿童活动、体育竞技等场地布置于此。

（6）管理和餐饮建筑设在主入口集散广场附近。

（7）场地现有水体面积较大，可以融合生态理念，结合雨水花园、雨水池塘、人工生态湿地等对水进行无害化处理，通过分层搭配（沙壤土＋卵石＋湿生植物等）使池塘不仅景色多姿，还可滞留净化雨水，兼具生态性与功能性。

（8）丰水位与常水位高差 0.4m，相差不大可以忽略不计。但是零碎的水塘需要在形式上进行整合。

2. 关键考点

（1）主要出入口及停车场位置选择：根据基址图上道路宽度等级可以判断，北侧道路偏向于城市主干道，南侧和东侧道路等级略低，南侧为医疗用地，为保证后期尽量获得一个比较安静的环境，南侧不适宜开设主要出入口，东西两侧未来为规划商业住宅用地，人流量较大，故可将机动车停车场及主要出入口设置在东侧或西侧。

（2）水位高差及水塘处理：本场地中，丰水位和常水位仅相差 0.4m，在大场地的滨水环境中，此水位高差较小可以近似不计；现存水塘较为零碎，应对其进行整合，使其连成面状水体同时和现状河流串联。

（3）现状枫杨的处理：胸径 9～13cm 枫杨属于中小型乔木，乔木尚处幼年期，移植成活率高，可根据方案具体设置对其进行保留或移植。

（4）建筑布局：服务性建筑可结合主要出入口设置，厕所可根据服务半径及均匀分布的原则在河道两侧分别设置。

（5）各类球场的画法：参照右图，考试应当熟记，防止不给具体尺寸。

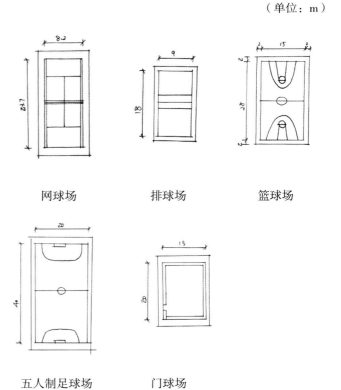

（单位：m）

网球场　　　　排球场　　　　篮球场

五人制足球场　　　门球场

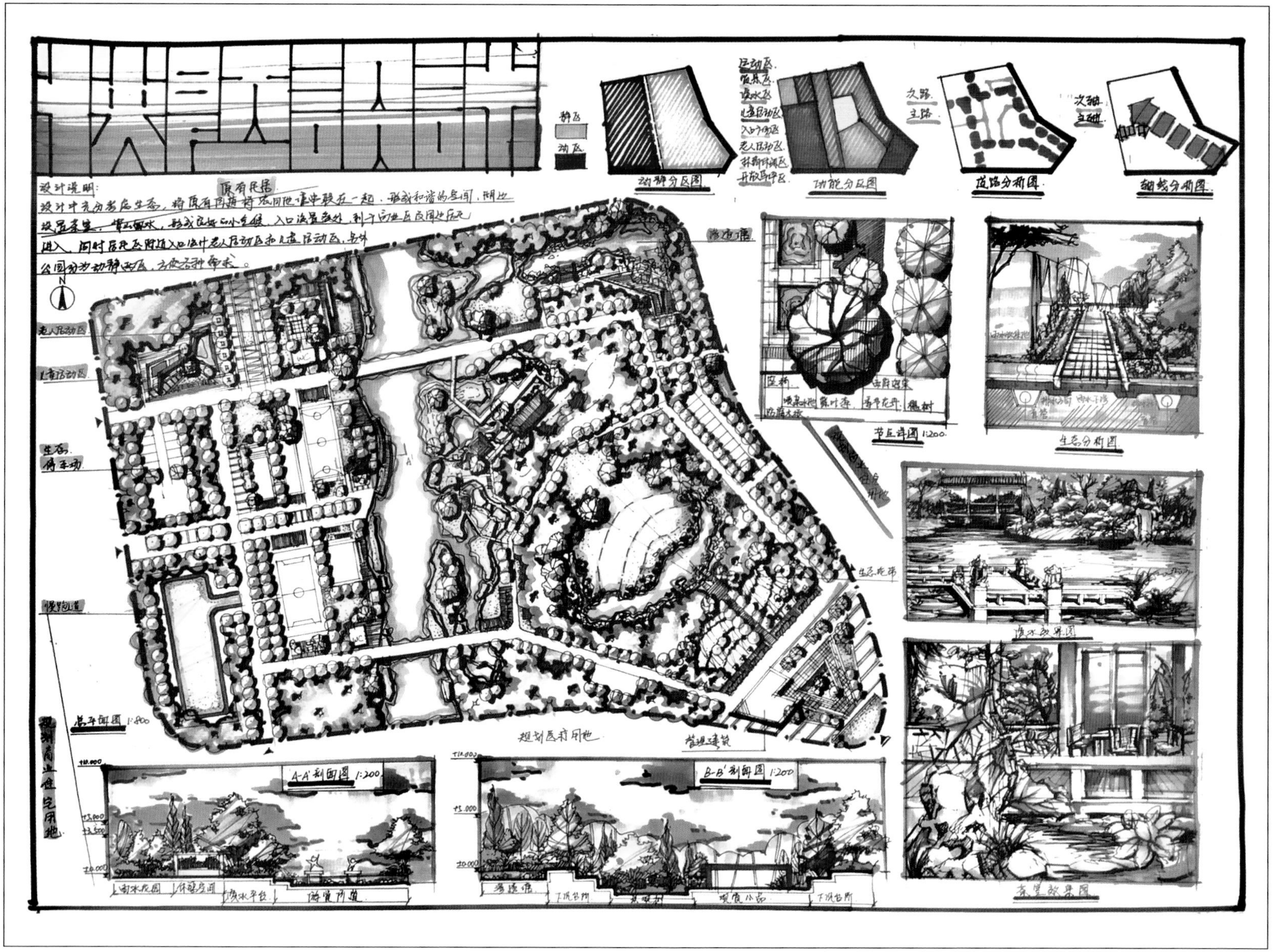

评语

优点：本快题设计案例从整体来看，色彩丰富，内容充实，图面排版整齐。具体来看，方案整体采用规则式结构，结合自然的水系，疏密有致，集运动场地布置合理，功能分区合理，景观序列较为丰富，线序列较为丰富，自然式水系、观景亭、木质平台、生态岛等元素使滨水界面体验多样。

不足：缺少外环境，缺少等高质标高等标注。

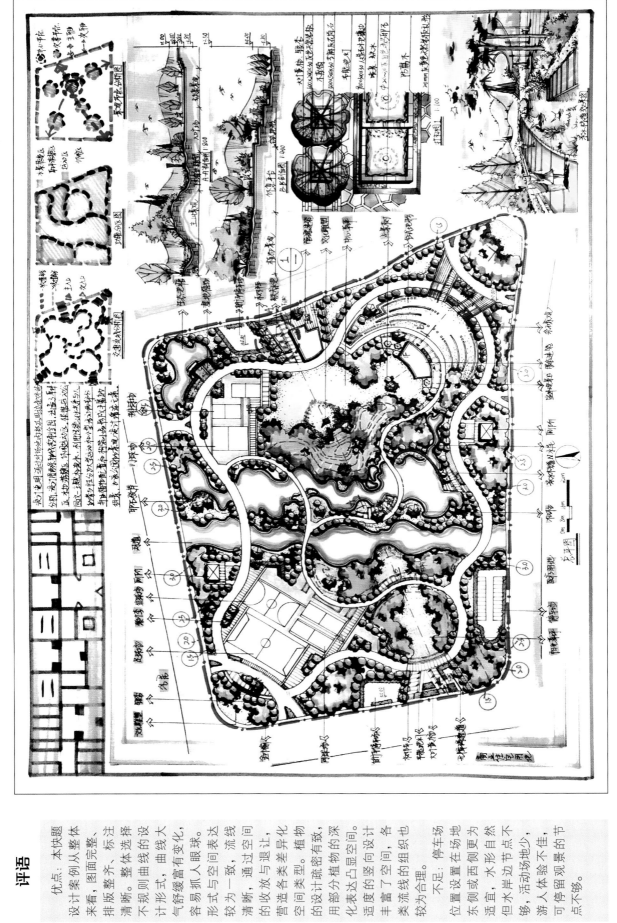

评语

优点：本快题设计案例从整体来看，图面完整，排版整齐，标注清晰。整体选作不规则曲线形的设计形式，曲线变化大气舒缓，容易抓人眼球。

形式与空间表达较为一致，流线清晰，空间的收放与退让，营造各类差异化的空间类型。植物的设计疏密有致，用部分表达的深度的竖向设计丰富了空间，各类竖向线的组织也较为合理。

不足：停车场位置设置在场地东侧或西侧更为适宜，但水岸边节点不够，活动节点少，游人体验不佳，可停留观景的节点不够。

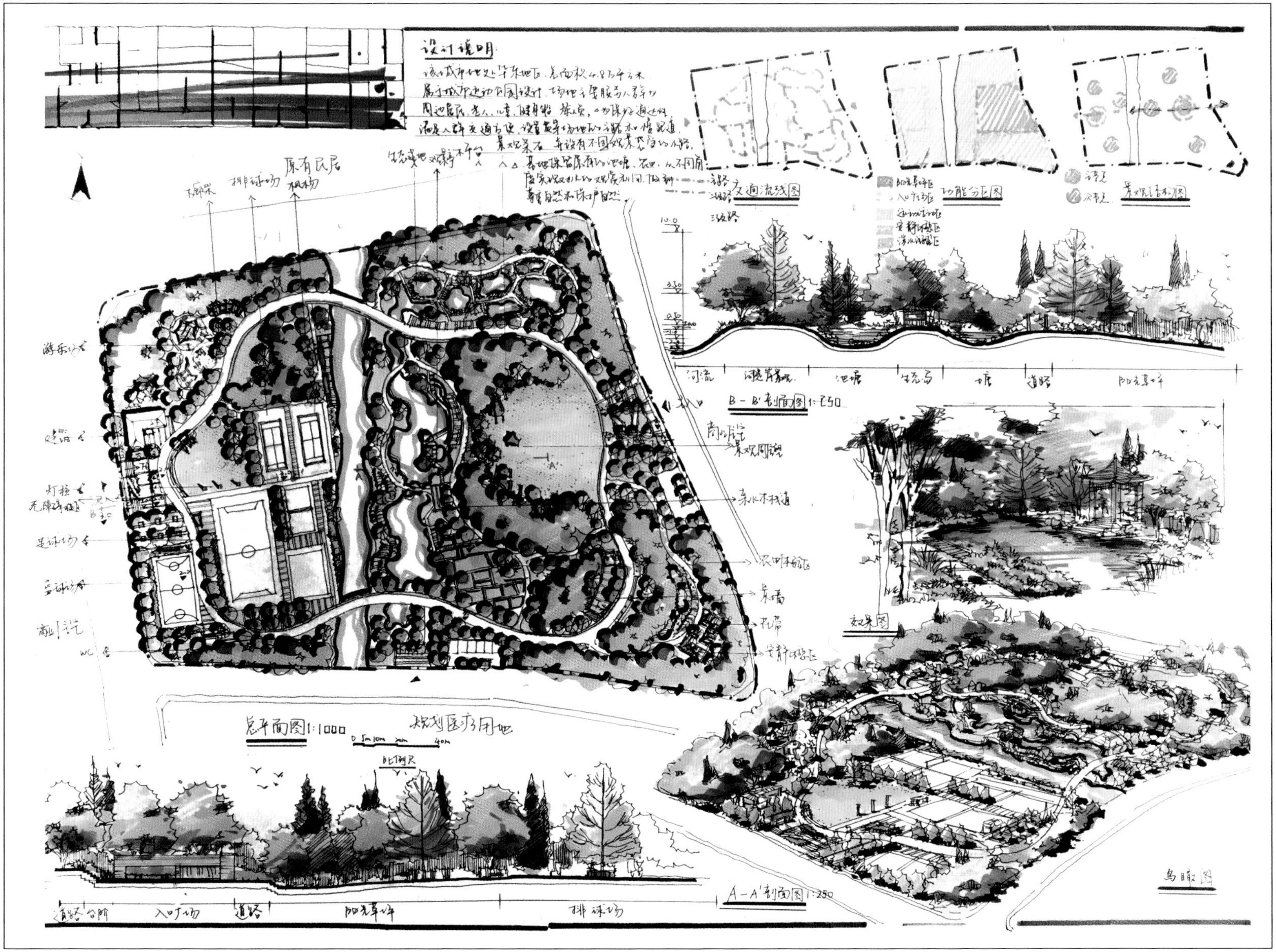

评语

优点：本快题题设计案例图面表达完整，色彩鲜艳，内容丰富，小图纸表达完整。以主入口正对草坪的方式控制整个场地，并目承担了主要的人流聚集；空间营造功能明确，满足考点要求；景观雕塑、小品等元素使方案竖向设计更加丰富。

不足：停车场位置设置在场地东侧或西侧更为适宜，建筑辅助于主入口更合适。水形自然但水岸边节点少，可增加节点，丰富游人观感体验。剖面图前各景高，画面确各置大约占图右侧，控制各置的位置，留适当的间隙。鸟瞰图右下角可加文字或拉线标注。

4.7　风景名胜区入口设计

题目来源：清华大学 2020 年风景园林硕士研究生入学考试真题

考试时间：6h

1. 基地概况

场地位于山东省泰山风景名胜区红门，为风景名胜区的入口景观。南侧毗邻环山道路，西侧和东侧为保留的村落民居，北侧为山门。场地中有一条贯穿南北、直通山门的公路，由于存在人车混行的情况，因此交通拥堵，设计中需要进行改造。要求人车分流，平时旅游车辆停在入口处，不得上山，但是需要保证特殊情况下（如紧急救援等）有道路通行。

2. 设计要求

（1）场地内有两处古建筑遗迹，一处陡坎，现有河堤路（场地内东侧），古树名木数棵，设计需要结合考虑。

（2）场地需要一处服务建筑，面积 2000m²，不限层高；轿车及旅游巴士停车场若干。

（3）集合空间围合和空间序列组织，形成优美有序的绿化种植景观，树种选择应适应空间氛围。

3. 图纸要求

将以下所有图绘制在三张 A1（598mm×841mm）图纸上。

第一张：总平面图、技术经济指标、设计说明。

第二张：鸟瞰图、立面图、局部节点放大图、效果图。

第三张：植物种植设计、交通、视线、功能分析、竖向设计分析图。

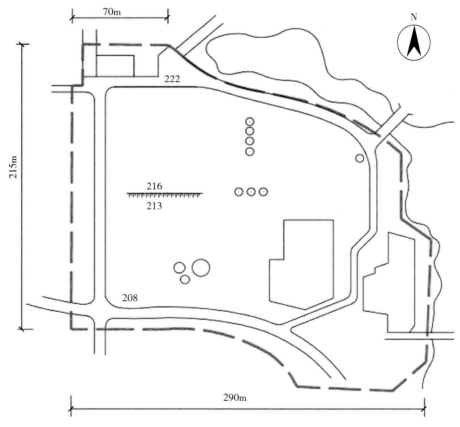

拟建风景名胜区入口场地现状图

解题思路

1. 题意分析

（1）用地性质：场地为风景名胜区入口景观，注意结合周边景观。

（2）区位信息：场地位于山东省泰山风景名胜区红门。

（3）现状问题：人车混行、交通拥堵。

（4）交通信息：设计要求人车分流，上山有道路通行。

2. 关键考点

（1）停车位：要求设置足够的轿车、旅游巴士停车场，可集中设置也可分散设计。

（2）古建筑和古树：由于任务书没给出古建筑的入口方向，建议四周硬质处理，在建筑短边处做局部绿化，古树建议详细绘制展示它的全貌。

（3）陡坎：场地内部存在一个高差3m的陡坎，题目要求设计要结合陡坎考虑，因此不能简单地采用放坡的形式来消化高差。设计可以结合水循环装置设计叠水景观，同时利用地形进行雨水收集利用。

（4）服务建筑：设置在主入口附近，注意建筑风格、尺度与场地的融合。

（5）人车分流：可在进山路两侧设计2m宽人行步道。

3. 设计思路

（1）主次入口：基地北侧为山门，南侧毗邻环山道路，西侧和东侧为村落民居，故人流来向主要来自东、西、南三面。考虑景观视线的营造，可将主入口设计在西南角。

（2）景观视线：视线焦点有古建筑、古树，不要忽略东面、北面的水域（可将东北角的视线打开，把水域风光纳入本园中）。

（3）主题特色：本设计场地位于山东省泰山风景名胜区红门，为风景名胜区的入口景观，在策划景观主题上可往泰山历史文脉、岁月与人文等方面靠拢，具体设计内容可以利用浮雕、雕塑、文字叙述等具体表达，以达到场地记忆的留存。

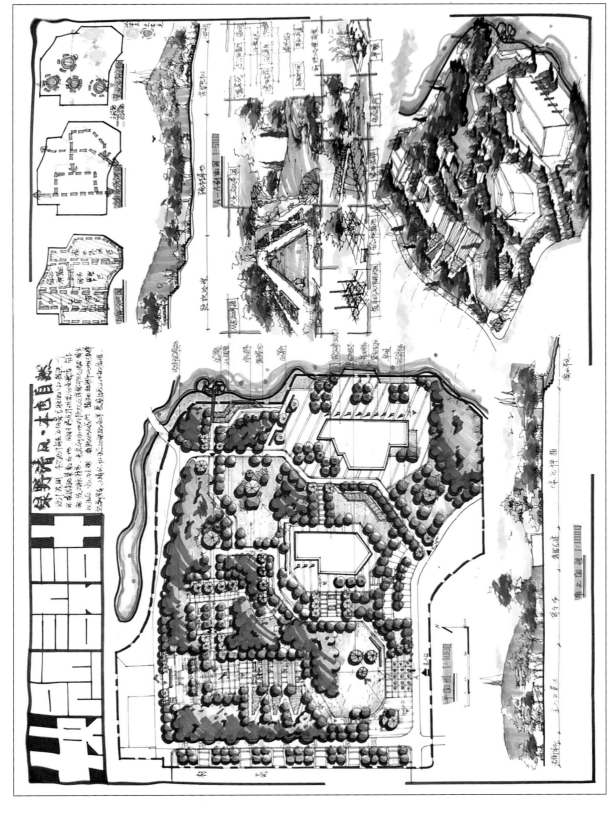

快题设计一

绿野清风·本色自然

评语

优点：本快题题
设计案例整体来
看，整体色调偏冷，
色彩统一，内容丰富，图面
完整。平面方案
上，功能分区合
理，交通流线清
晰，分级明确。
主入口和次入口
分开对比明显，高
差，鸟瞰图出了高
差，空间表达了
出来，效果图也
较为细致。

不足：可停留
的节点较少，广
场要铺装过于
单一，构成要素
不够丰富，消解
高广场缺少
多样，左侧树阵
广场缺乏变化。
分析图可直接用
马克，减少线稿
部分。剖面缺少
标高，效果图应
在平面上标明位
置，小图之间可以留
间隙，显得有条
理。鸟瞰要体现
近大远小。

休闲式广场设计

评语

优点： 本快题图
设计案例规图量整
幅采用曲线构图，整
体采用曲线构图，风格
统一明确。设计中有
显著。设计中各类
丰富的园林小品
设施，满足各类休闲娱乐
人群的休闲娱乐
功能。铺装统一
又富于变化，给
平场地更强的整
体性同时又不显
得单一。

不足： 平面图
很丰富，但看着灰头夹
大满，黑白不明确，
系不明确，空间
的疏密处理不太
足够。在方案中
应考虑开敞空间、私
半开敞空间，私
密空间。分析图
过于简单，未能
表现出设计特色。

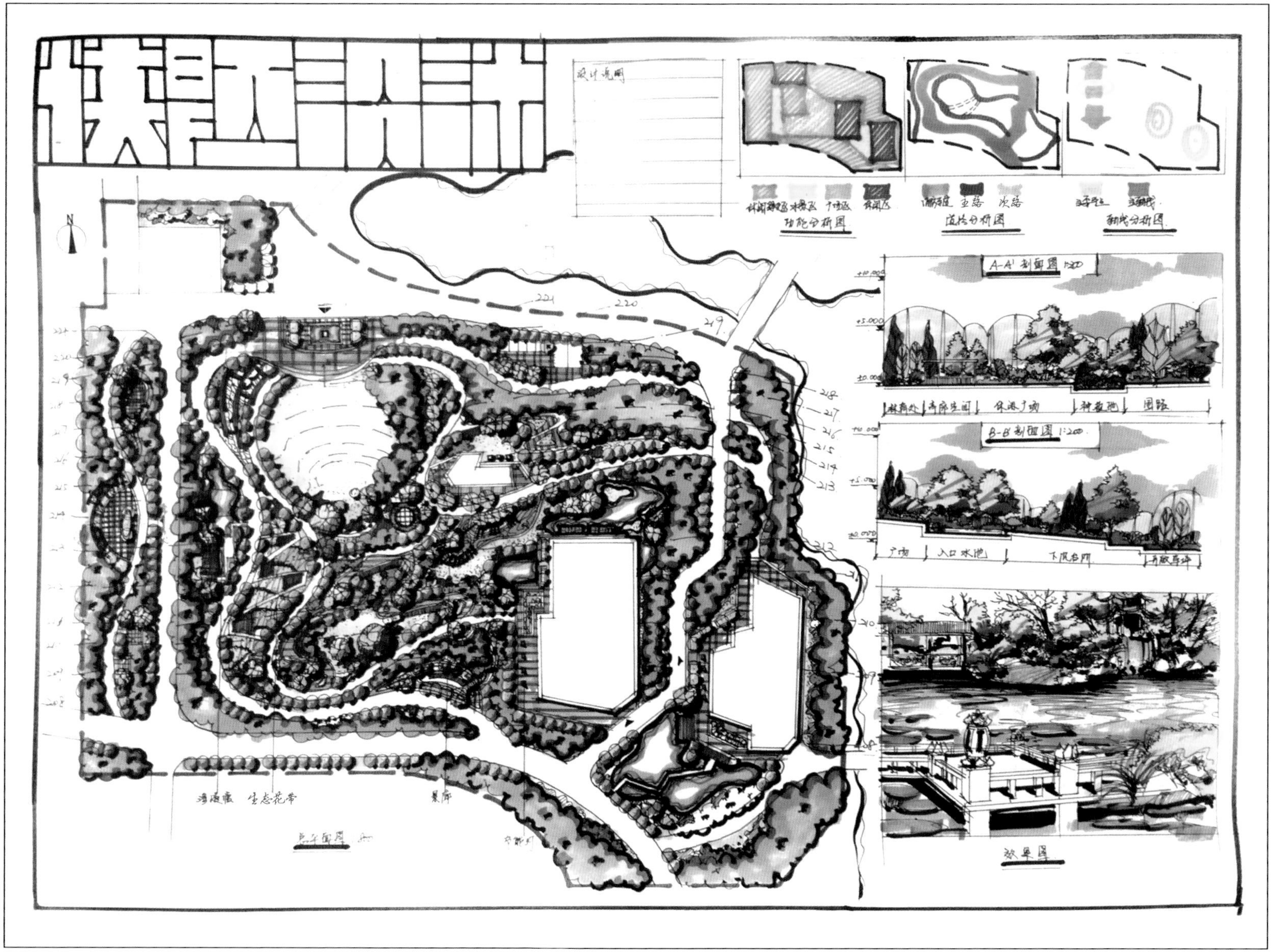

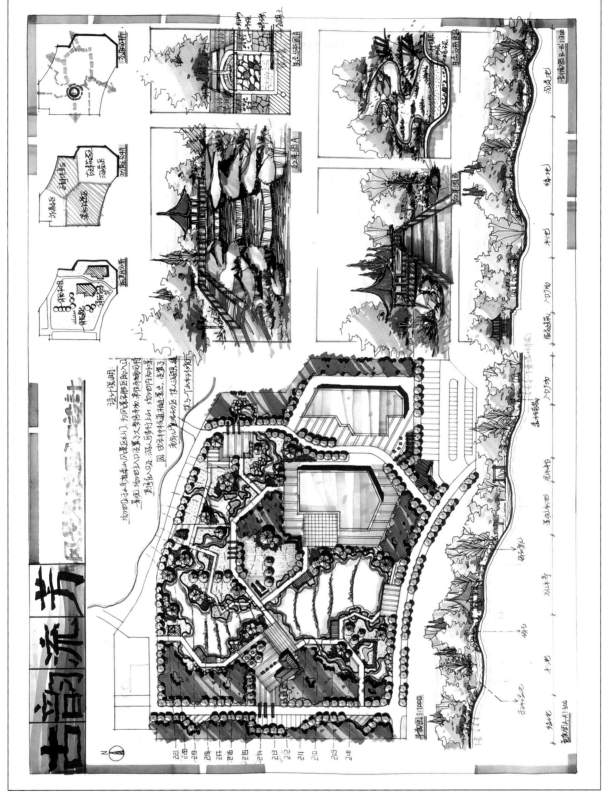

评语

优点：本快题设计案例平面排版合理，图面丰富。空间对比明确，轴线性较强。中心开敞的亮眼。设计语言统一，折线形场地配合较好。

不足：水面可适当缩小。中心景观空间面积过大，植物较低，围合感较低。滨水界面可增加亲水节点。出入口前空间预留不够。广场空间集散处理较弱，铺装设计不够丰富。作为主要的景观节点和活动场地，应加强细部的设计。剖面图缺少标图位置。效果图应在平面图上标明位置。

评语

优点：本快题设计案例从整体上看，排版整洁干净，图面表达完整，不缺图，表现效果也很好，色彩搭配比较舒服，标注清晰。各类型空间在一起，增加了场地的趣味性。平面图上看，空间层次、丰富，植物搭配有致，交通流线清晰，交通比较疏密做得比较好，植物搭配疏密有致；鸟瞰图较好地表现出了场地的高差。

不足：分析图、简洁表达即可。扩初图及效果图应在平面图上标明位置。

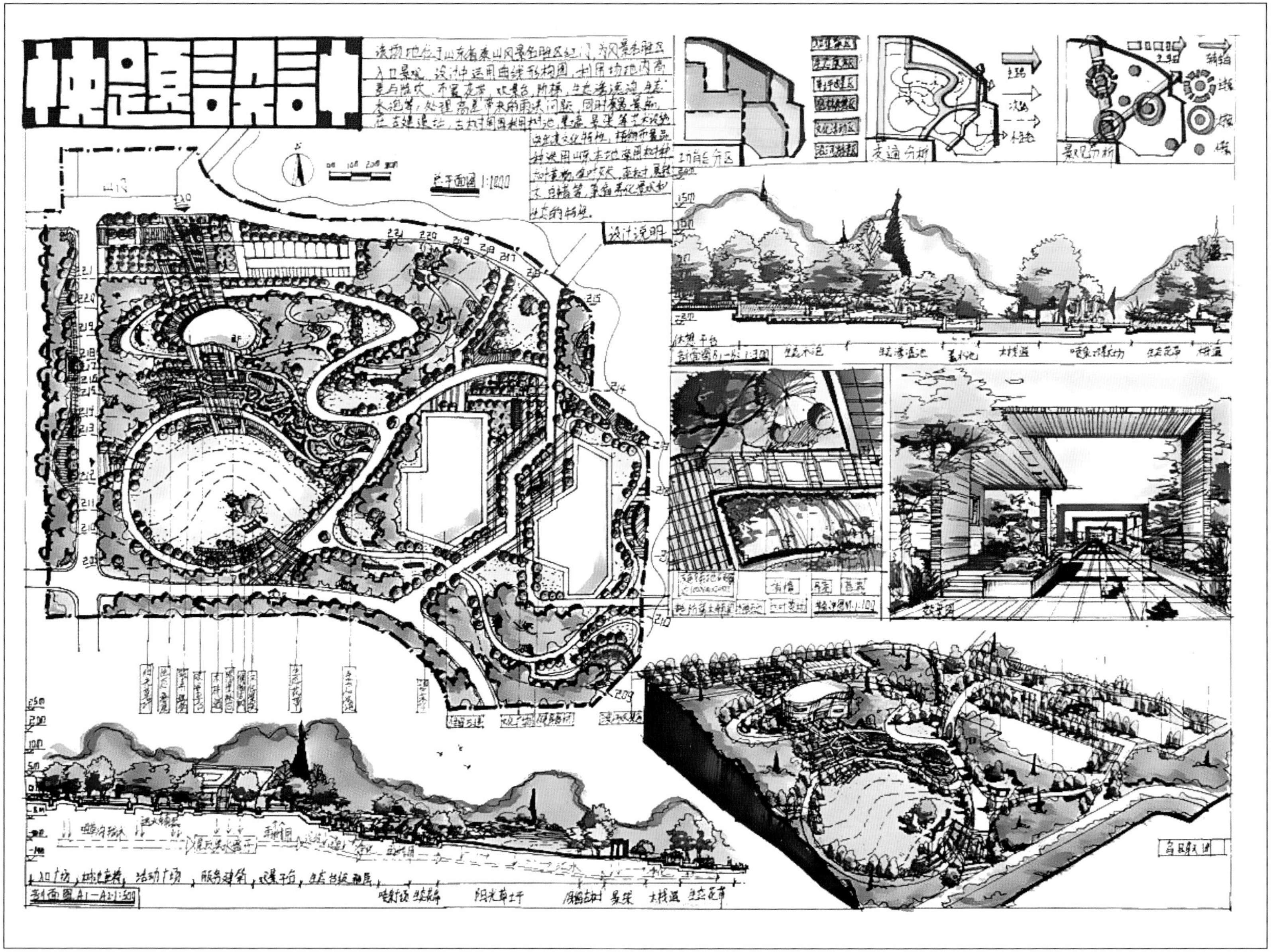

4.8　滨河绿地公园景观设计

题目来源：北京林业大学 2015 年风景园林硕士研究生入学考试真题

考试时间：6h

1. 项目概况

河北省某城市新区，一条河流从城市新区中央穿过。河流两岸规划有连贯的滨河陆地，河流水位存在季节性变化，丰水期最高水位为 3.0m，枯水期最低水位为 2.0m，没有洪水隐患。由于河流需要通航，两岸已经修建垂直硬质驳岸。

设计场地为整个滨河绿地的一个重要节点，总面积约 8.5hm²。场地被河流分隔为南、北两个部分，北侧紧临小学和办公用地，南侧城市道路与居住和商业用地相邻。场地内存在一定的高差变化（平面图中数字为场地现状高程）。

2. 设计要求

（1）场地是整个滨河绿地的一个重要节点，要考虑整个带状绿地的道路连通性。

（2）小学周围需要设计一片满足学生自然认知、生态探索、科普教育和动手实践的户外课堂区域。

（3）滨河绿地需要满足周边办公、商业和居住用地的使用功能需求，为附近白领和居民提供公共休闲服务空间。

（4）由于河流通航要求，可在不减少河道宽度的前提下，对现状垂直硬质驳岸进行适度改造，创造亲水休闲体验空间。

（5）在场地中选择合适的位置设计一座茶室建筑和一座公共厕所。其中，茶室建筑占地面积约 200 ~ 300m²，建筑外要有一定面积的露天茶座。厕所建筑占地面积 100m²。

（6）水岸要设计有小型游船停靠码头一处。

（7）场地内可根据需要设计一座景观步行桥，增强南、北两岸联系。

（8）设计必须考虑场地中现状高程变化。

3. 图纸要求

（1）总平面图，比例 1 ： 600，包含竖向设计和种植设计（不需要表明植物种类）。（80 分）

（2）局部剖面图 2 个，比例 1 ： 100 或 1 ： 200。（10 分）

（3）总体鸟瞰图 1 张。（25 分）

（4）节点透视图 1 ~ 2 张。（10 分）

（5）设计说明和其他必要分析图纸。（5 分）

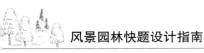

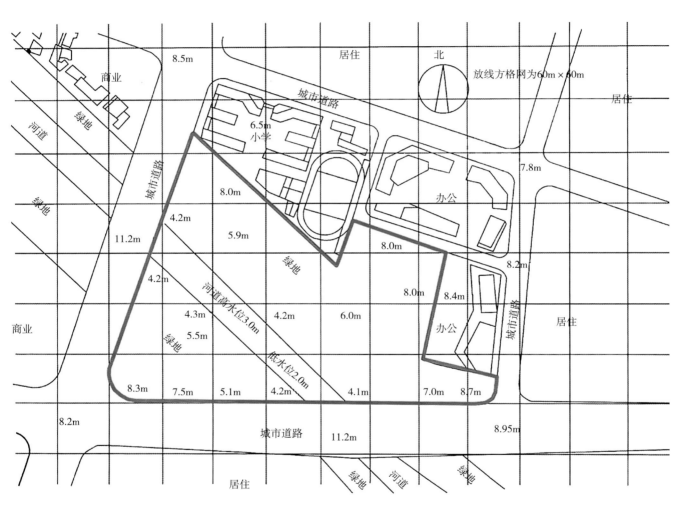

拟建滨河绿地公园场地现状地形图

解题思路

1. 题意分析

（1）定性：滨水公共绿地。注意滨水景观的营造，除满足设计的要求外，还要提供更多的活动可能性，丰富滨水空间。

（2）定位：河北省。注意运用北方地区的植物种类。

（3）定量：图纸要求的图必须要有。总平面图（1张）、节点种植设计平面图（1张）、局部剖面图（2张）、总体鸟瞰图（1张）、节点透视图（1～2张）、设计说明和其他必要分析图纸。

2. 关键考点

（1）场地信息。

1）场地被河流分隔为南、北两个部分，北侧紧临小学和办公用地，南侧城市道路与居住和商业用地相邻。

2）场地内存在一定的高差变化（平面图中数字为场地现状高程），场地内部道路与周边道路的衔接也要充分考虑高差，否则难以连通。

（2）河流情况。

1）河流水位存在季节性变化，已修建垂直硬质驳岸，在不减少河道宽度的前提下，对现状垂直驳岸进行适度改造，创造亲水休闲体验空间。因此在驳岸设计中应该使用多种处理手法，打造丰富的滨水体验。

2）周边环境：地块需要满足周边办公、商业和居住用地的使用功能需求，同时为小学设计一片户外课堂区域，因此需要提供休憩、交谈、观景、儿童活动、散步、科普教育等多种活动空间。

（3）交通流线：要考虑整个带状绿地的道路与未来建设绿地中道路的连通性，注意高差。

（4）滨水：河流水位存在季节性变化，可考虑设计多台层场地设计，满足季节性滨水条件；两岸为垂直硬质驳岸，在设计中不可出现景观岛、草坡入水等软景处理。必要节点：茶室和公厕、游船码头和景观步行桥是题目中要求的内容，应该充分考虑这些节点的特点和使用人群的来向，使其放在合适的位置。例如茶室需要结合室外茶座，因此可以放在滨水位置，打造面水的休闲景观茶座。

（5）入口的位置：题目中场地内外高差不一，必须要考虑现状高程变化，要在场地内外高差一致的地方设置出入口；同时要根据周边环境的要求，设置供周边人群能快速进入场地内的通行入口。

（6）功能分区的设置。

1）户外课堂区域：要根据周边环境（场地北侧紧邻小学）设置在合适的位置，需要位于小学周围，满足学生自然认知、生态探索、科普教育和动手实践的需求，节点设计要能体现功能的指向性。

2）公共休闲服务空间：充分考虑题目中要求服务的人群及人流来向，题目中南侧城市道路与居住和商业用地相邻。

3）亲水休闲体验空间：场地设计的重点所在，对垂直驳岸进行适度改造，增加游船码头，设置滨水观景平台、剧场、室外茶座等多种方式，满足人的亲水休闲需求。

快题设计

总平面图 1:1000

评语

优点：本快题设计案例颜色丰富，上色具有层次感。路网流畅，形式感强烈，红飘带设计给平面图案增加亮点。方案轴线性有主有次，以滨水节点和阳光草坪为重点进行景观突出。景观层次感递进，疏密对比强烈。地高差进行高差处理，顺应原场地高差标注清楚。

缺点：道路最好垂直相接，公厕位置不太合理，云树围合过于私密，开敞集散空间较少。

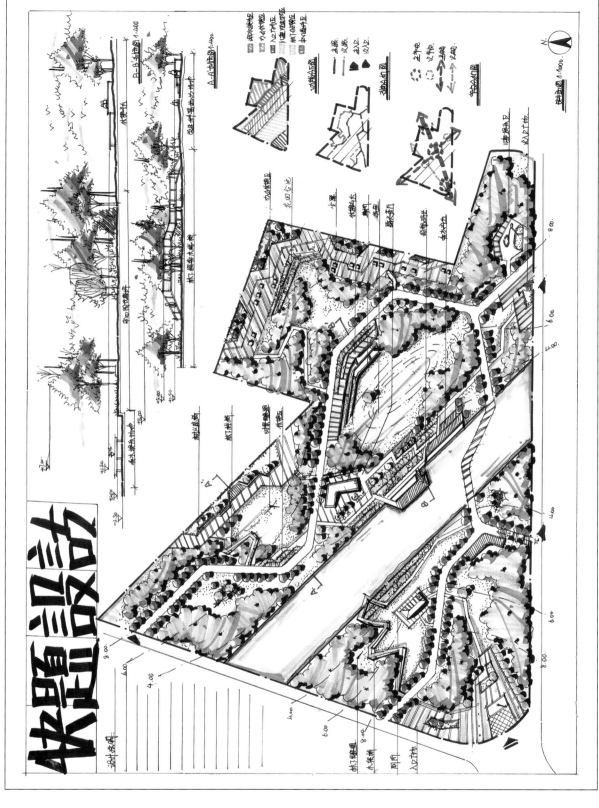

滨水景观设计

评语

优点：本快题设计案例从整体上看，图面丰富，排版合理，颜色较为淡雅，折线的形式表现出较强的形式感。平面图主次空间较为分明，具有从开敞空间到半开敞空间再到私密空间的过渡，满足空间的功能。路网合理，各级路网有着明确的划分。细节点较为丰富，露天茶厅结合花带处理到位并满足人们的需要，露以及游船码头，塑造出丰富的滨水景观。

缺点：植物组团做得不够丰富，图面上出现大量少见的云树，缺少丰富的植物景观造景。轴线感稍微不明显，各个节点之间的视线关系需要加以思考。

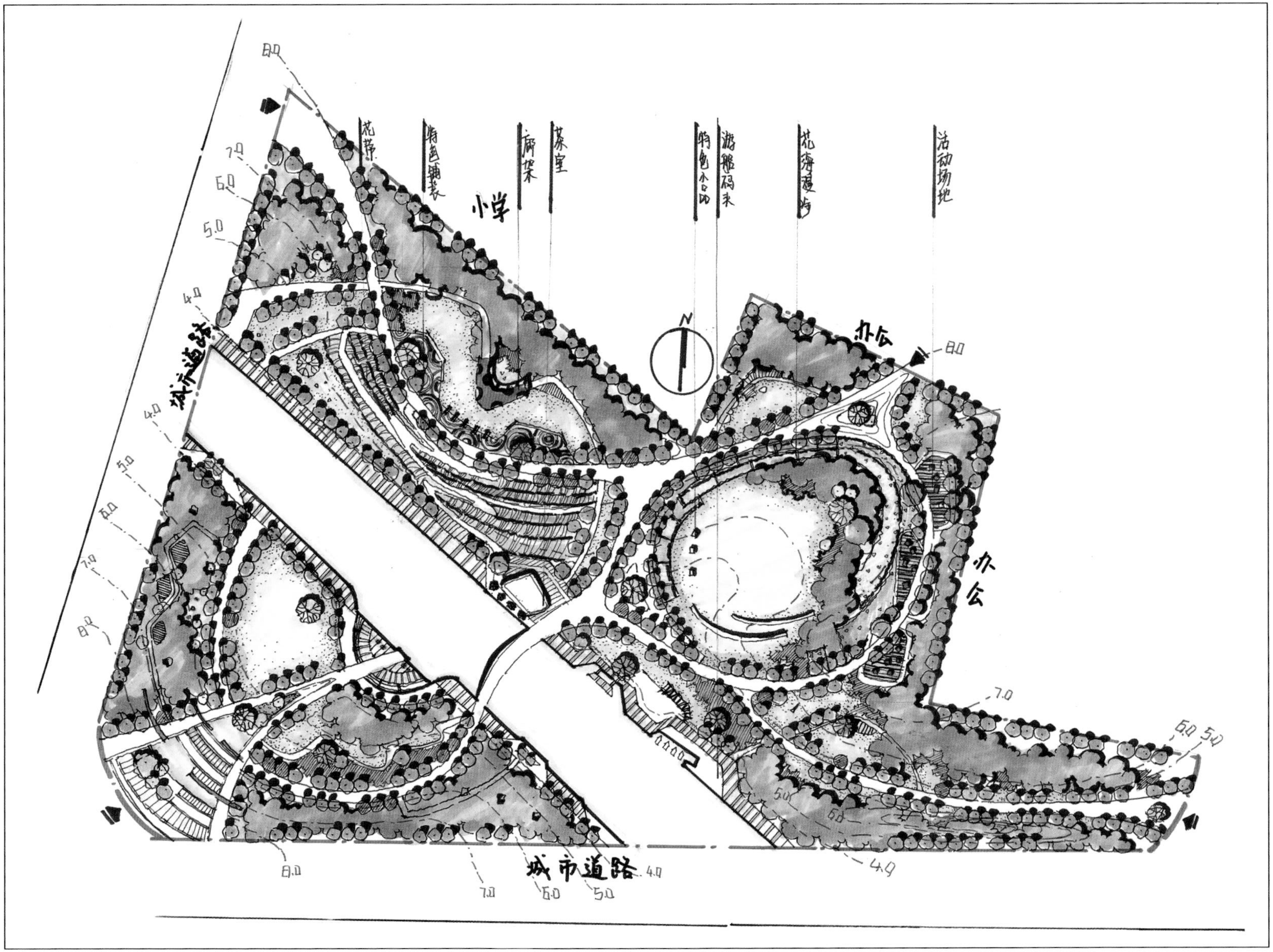

评语

优点：本快题设计案例从整体上看，图面清晰整洁，颜色淡雅，富有层次，手绘基础较好，周边环境交代清晰。各部分结构处理得当。景观轴线明显，分区系统流线清晰，道路分级分明，路网曲线流畅，具有功能感。每个性都很强，分区对应得当，节点丰富，满足使用需求。植物围合处理到位，开合变化明显，视线引导较好，且云树围合具有向心性。标注清楚，高差处理理适当，目不影响图面效果。

缺点：部分主路的宽度过窄，局部林缘线处理不恰当，要做到疏密走马，透风。

4.9　城市滨水景观设计（一）

题目来源：同济大学 2015 年风景园林硕士研究生入学考试真题

考试时间：6h

1. 场地概况

场地为一期建设用地，毗邻城市河道，面积为 1.3hm²。基地中有古树 6 棵，一个 6m² 的石台上有一个 4m 高的石碑，碑上记载这里一次重要的航运事件，靠河岸处有一个古代（宋朝）码头遗址，石台标高为 4.2m。图中画出了河道规划蓝线，常水位标高为 ±0.00m，此处有防汛要求，洪水位是 6m，必须在蓝线以外设置防洪堤，蓝线以内要考虑市民的亲水活动，安排亲水设施。因为二期已经解决了停车问题，此处地块不需要考虑小汽车和大巴车停车车位，只需要放置 50 辆自行车的停车场。场地内拟建设个 800m² 的展览建筑，用来展示书画等艺术作品，最好不要超过 2 层，可以考虑做成园林式建筑。场地宜做自然、生态化处理，不需要考虑土方平衡问题。

2. 设计成果

（1）总平面图（1∶500），剖立面图，至少一个竖向分析图。

（2）节点放大图（1∶100），至少一个。

（3）各类分析图。

（4）重要节点、景点透视图。

（5）设计说明。

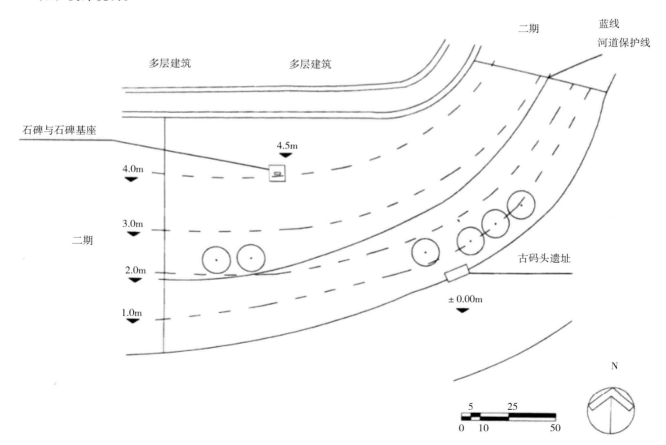

拟建城市滨水景观（一）场地现状图

解题思路

1. 题意分析

（1）首先明确场地性质，为滨水绿地且场地地处南方，滨水景观的营造定位是考题重点。

（2）场地有防洪要求，需要对场地的地形（等高线）重新梳理，应考虑根据地形的平缓不同及使用性质不同设置不同功能的节点。

（3）场地内予以保留的构筑物有两处，包括保留石碑一处和古码头一处，且古码头处还有几棵保留植物，可考虑与古码头一起设置景观节点；另外应考虑根据不同性质结合场地高程设置相应的节点。

（4）要求一处占地 800m² 展览建筑设置，建筑设置应考虑其相应设计规范、周围植物种植等。

2. 难点解析

（1）防洪堤要求 6m，而现有地块制高点为 4.5m，所以需要对场地重新进行等高线梳理设计，蓝线外整体抬高至 6m 或者局部抬高设置一条高程为 6m 的防洪堤。另外，注意大面积铺装的广场及活动场地、自行车停车场、主要园路，都应设置在蓝线以外。

（2）滨水界面的营造，因洪水位线以下不能设置大面积的硬质铺装和主园路，可以考虑设置一些二级路与次级节点串联，形成一系列的滨水景观效果。例如，在保留码头附近自然景观良好（保留古树）的地方可以考虑设置一些能停留的滨水栈道或者亲水的小路，形成一个主要的滨水景观节点。

（3）展览建筑设置，风格要求为典雅的园林式建筑，面积 800m²，属于面积较大的园林建筑，应设置在人流活动较大且在蓝线以外的位置。本题因设计场地面积的限制，建筑可以设置的位置有限，多半与纪念石碑距离不远，可以考虑并将二者结合起来作为一个主要景观节点。

（4）防洪线处制高点 6m，可以考虑在制高点处设置一些小的休憩或观景停留处作为制高观水点。

3. 知识点扩充

绿地结合滨水，滨水可作为方案的亮点。

（1）地形：放坡或台地，结合台阶，将视线引向水面，可适当挖填，分散大水面，如做湿生花园、生态浮岛、长堤等。

（2）植物：留出透景线，滨水区域少种云树，大乔木适当在活动场地及主路两侧种植，再由草坡搭配花灌木延伸至岸边，种植水生、湿生植物丰富植物层次。

（3）建筑：滨水部分可做服务类建筑，如滨水茶室、钓鱼小屋等。

（4）道路：根据不同水位设置主路、次路、小路，时近时远，形成滨水道路体系。

（5）硬质场地：亲水部分（硬质驳岸）适当做 2 ~ 4 个。

（6）景观结构：考虑能否垂直驳岸方向、正对水面做轴线，同时滨水部分应当视线开阔，节点之间注意人工、自然之间的合理过渡。

评语

本快题设计案例整体排版工整，较好，能表现力明晰，但方案现手绘、剖面表线性场地太多，滨水交通流线大少，缺少次级节点，次级园路。平面图构图有大气干净，所有造园要素与形式相呼应。重点景观古树选择及保留的颜色。但是场地地也被形式所禁锢，所有场地都成流线型较大的面积没有一个主场积较大的主场地。主交通过于单调，可考虑增加次级园路及次级节点。滨水界面设有偏点太弱，滨水部分感觉且需要注意。云状拓图有部分感不差，树种植空间感不错，形式搭配，整体值得学构图的处理，但滨水草学习，疏密得当，形式的协调性值得大略微坡面积大草的喧宾夺主。

评语

本快题构图设计为案例整体构图较为饱满，风格大气，色彩干净鲜明，等高线表现及滨水硬质、入口广场空间处理较好。效果图还需要再练习。缺少设计说明。

平面采用折线形式，且所有构图元素与形式相呼应，形成简单干净的方案效果值得学习。滨水带状空间明晰，交通流线点级滨水节次级园路与主园路相联系，则功能会更加合理。云树种植空间感不强，不建议使用一些没有靠近林整体效果。小草坪打乱红线不果。另外种植大量云树，可以设置疏林草地缓坡入水。保留古树不必刻意增加冠幅，使得整体意构图看起来比例有些失衡。

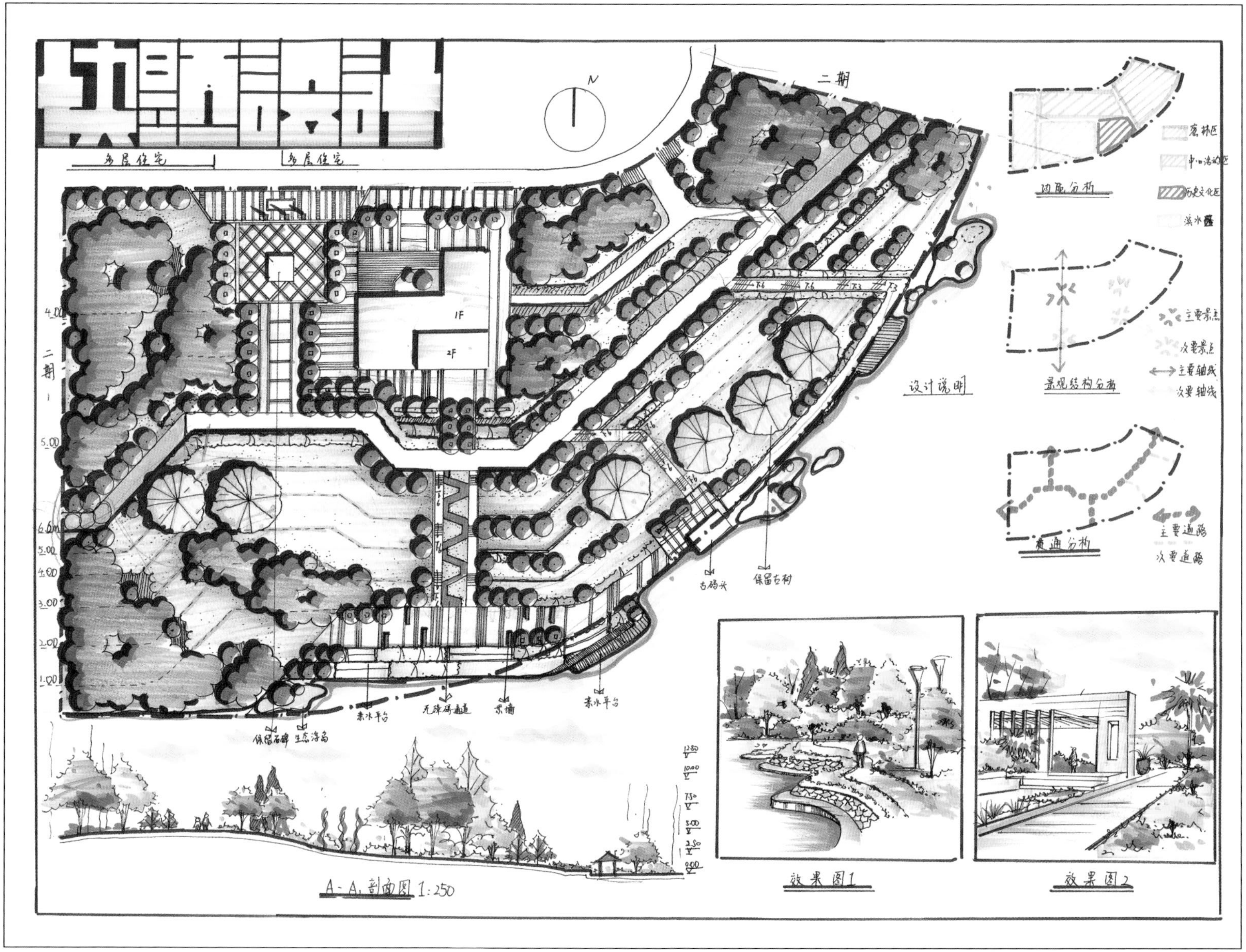

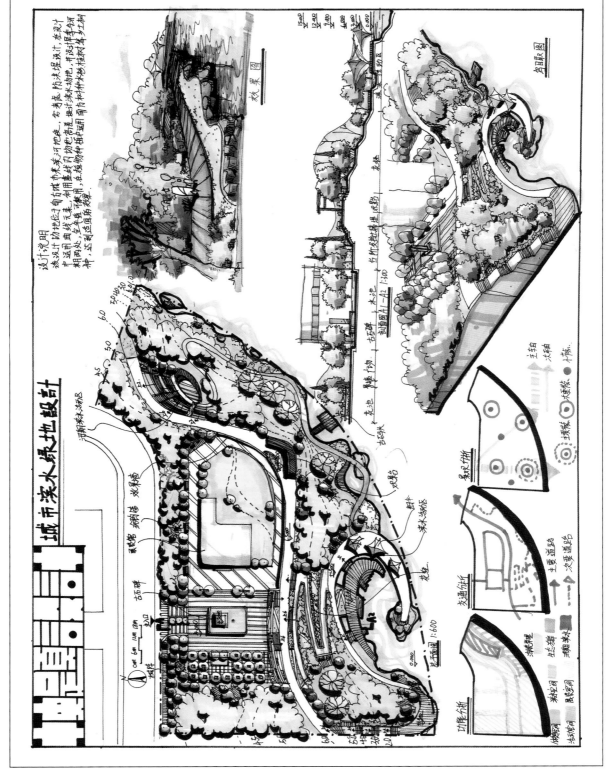

城市滨水绿地设计

评语

本快题设计案例整体图面较为饱满，颜色协调，但排版图还有些凌乱，效果图还需要多加练习。

平面图中，方案将主要笔墨放在建筑空间及入口空间的营造，滨水景观设计还有其他部分设置次级节点，重点突出。但由此也能明显看出植物种植得比较满，草坪空间与流林草地空间较小，尤其是古码头处的景深做得不够通透。

整体交通流线流畅，二级路与三级路路网深都比较合适。方案的滨水一侧设置了曲线型场地，节奏处理得当且值得学习。可以再结合水生植物丰富图面。

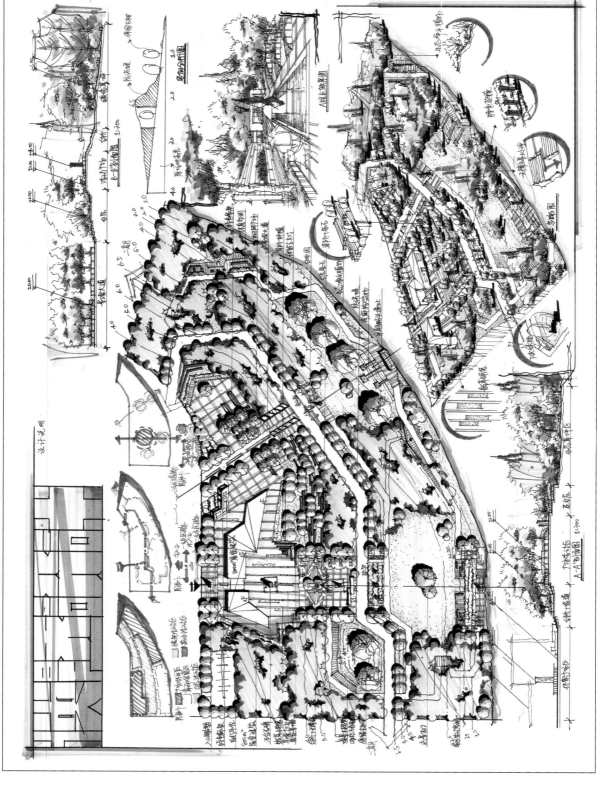

评语

本快题设计案例整体排版设计合理，图面表现能力强，节点丰富，细节表现到位，小分析图为平面做了详细的补充，和鸟瞰图结合的方式值得学习。上色风格清新淡雅，效果图表现良好。

平面有主有次，轴线性良好，以建筑和码石碑为重点营造，层层景观序列逐渐推进，疏密对比强烈。次轴线将保留古树和码头作为景点利用起来，紧扣考点要求。景观节点要求程度足够，景观视线处理较好。左侧保留古树处细微地形设计不合理，等高线处理需要再斟酌一下。

4.10　城市滨水景观设计（二）

题目来源：南京农业大学 2018 年风景园林硕士研究生入学考试真题

考试时间：6h

1. 场地概况

场地为华东某城市滨水绿地，面积约 1.6hm²。场地东侧为古老的城市商业区，南邻城市主干道，宽度为 35m，场地内有 6 棵古银杏树木，河道常水位 25m，汛期水位 26.8m。

2. 设计要求

（1）20 个机动车停车位。

（2）一个自行车停车场。

（3）200m² 公共服务建筑。

（4）一个城市文化雕塑，主题自定。

3. 图纸要求

（1）平面图。

（2）设计说明。

（3）构思分析图。

（4）一个鸟瞰图或者效果图。

（5）两个剖面图（要求一个东西方向整体剖面图）。

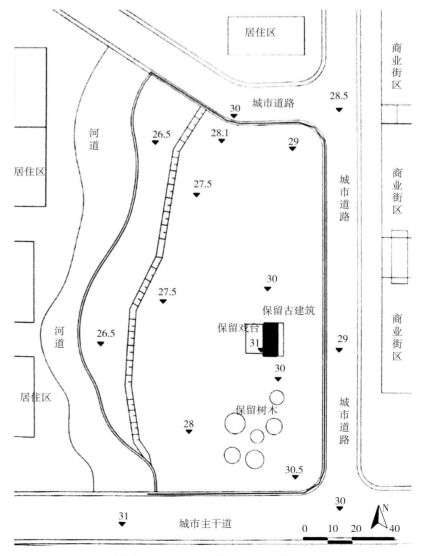

拟建城市滨水景观（二）场地现状图（单位：m）

解题思路

1. 题意分析

（1）定性：尺度、绿地类型。

1）尺度：中小尺度。

2）绿地类型：城市滨水绿地公园。

（2）定位：场地东侧为城市商业区，北侧为居住区，故场地应充分考虑各年龄阶段、社会群体的特征，打造多功能娱乐休闲公园绿地。

（3）定量。

1）周边环境。

东侧为商业区：人流量最大，建议设计主入口。

北侧为居住区：次入口设计，儿童活动区、老年休息区设计。

南侧为城市主干道：可开设行人入口，不可开设机动车主入口。

西侧为河道：为了保证河道通航需求，开设的滨水休息节点不宜占用过大水面，建议为内凹式。

2）场地功能要求：场地为城市滨水绿地，内部有古建筑与戏台，古树以及河道景观，在满足相应设计规范前提下可结合现有要素构建丰富的空间体验，例如设计儿童活动区、老人休息区、安静休息区、阳光大草坪等多种功能分区。

2. 设计思路

（1）地形梳理：场地内有1m高的陡坎，建议梳理等高线成缓坡，并注意无障碍坡道的设计。

（2）保留建筑与公共服务建筑设计。

1）保留古建筑和保留戏台：设计建筑前广场，不要改动建筑下土方。

2）公共服务建筑：设计在主入口附近，设计建筑前广场，与保留建筑构建空间序列。

（3）保留树木：6棵古树树冠垂直投影以外5m的范围为保护范围，保护范围内不得损坏表土层，改变地表高程，不得设置建筑物、构筑物，不得栽植缠绕古树名木的藤本植物、高大乔木。

（4）停车场设计：停车场车位设计在主入口一侧，汽车停车场注意设计回车场以及考虑转弯半径。

（5）植物种植设计：主要的中心活动场所，植物种植需要有特色，要有植物的围合作为背景来衬托主要的开敞活动空间；视线变化由植物开合进行营造，做到步移景异；滨水景观整体较为开敞，做到远水近水相结合。

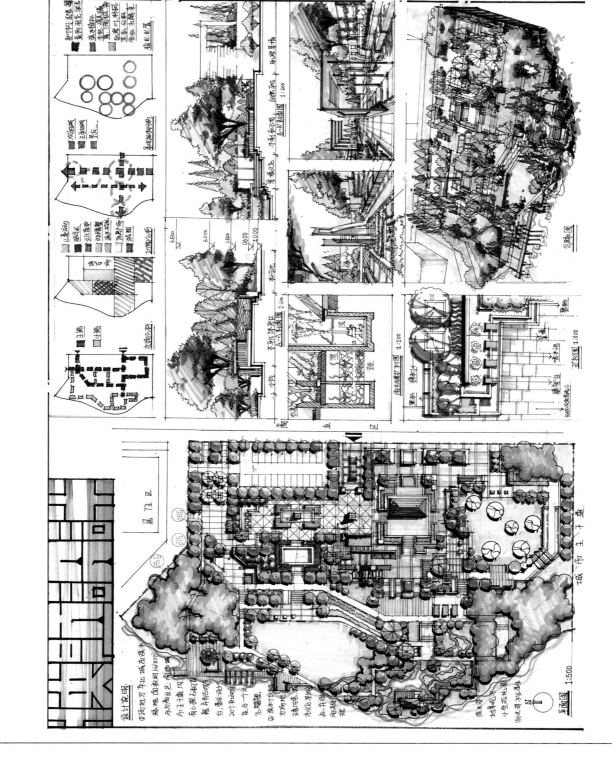

评语

本快题设计案例整体图面丰富，颜色亮丽和谐，排版紧凑，手绘效果好。平面图场地东侧的入口和开放空间位置大小合适；对保留建筑进行了强调，对保留树种进行了合理的处理，留出了观赏空间；滨水空间处理形式多样，远近水景结合，对岸线进行了向内的改动，符合题意。其他图中，分析图详细，能较好地展现场地内陆坡部分的竖向设计，植物配置丰富有层次，鸟瞰图透视准确，能较好地体现场地景观轴线和滨水景观设计；扩初图细节到位，但是缺少了铺装材料的尺寸标注。

引水的岸线建议借鉴古典园林的水体形态，空间划分过于细碎，并且没有很好地利用色彩区分开；场地细化到位，号但是没有了主次之分，可致整个平面没有重点，加强主要以适当做减法，减少次要景观和场地的塑造，阳光大草坪过于空旷，可以应用一些景墙或孤植植树，效果更好；平面缺少自行车停车场。

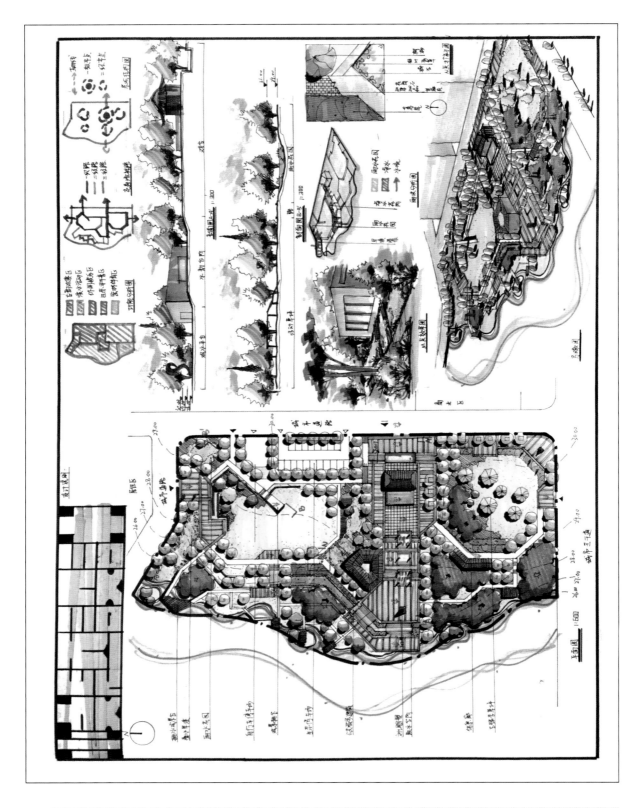

评语

本快题设计案例整体图面丰富完整，手绘基础好，颜色清新干净，效果图表现良好。景观轴线运用了场地内高差进行了分层设计，主次分明，合理利用了场地内道路进行了分层设计。园内道路疏过窄，主要景观系统分级不清晰；主要景观轴线上的空间变化不明显，过于均质；滨水观景平台硬质太多，应该利用植物来进行丰富和软化；景观主轴上陡坡处的处理没有考虑到无障得通道；保留图树种的树冠得通直投影5m以内不要种树；扩初图的深化和细节程度不够，并且不规范；立面图植物种植结合表现在剖立面图上，鸟瞰图透视准确，能反映出对空间的塑造，缺少设计说明，在平时的训练中就应该重视起来。

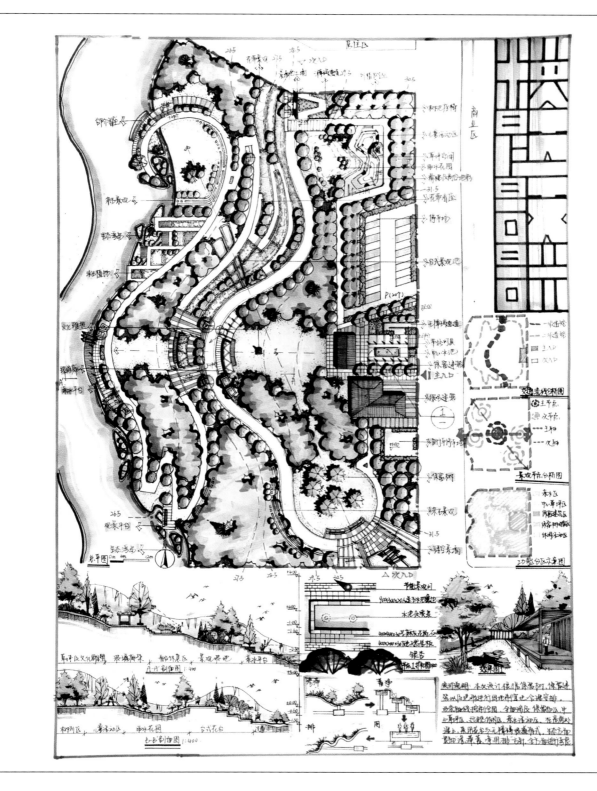

评语

本快题设计案例整体排版合理，图面丰富，细节表现到位，小分析图为平面图作了详细的补充。上色风格清新淡雅，剖立面图和效果图表现良好。平面图十分丰富细致，场地功能多样，满足题目基本需求。景观设计结合花带，景观分层设计较为清晰，景观池、廊架等河岸滨水带状的景观塑造得很精彩；生态浮岛以及水生植物的着重处理体现场地生态设计的理念。其他图中，剖立面图表现地高程设计到位，能展现场地高程设计和植物配置；生态分析图如果能结合设计进行分析，效果会更好。

缺点：主入口不要设置台阶，邻商业街一侧可再多留出一些半开敞空间，邻居住区一侧应该设置次入口；不能为了迎合道路造型而变动保留树种的位置，机动车停车场一般为矩形；植物围合该留出适当的空间和缝隙。

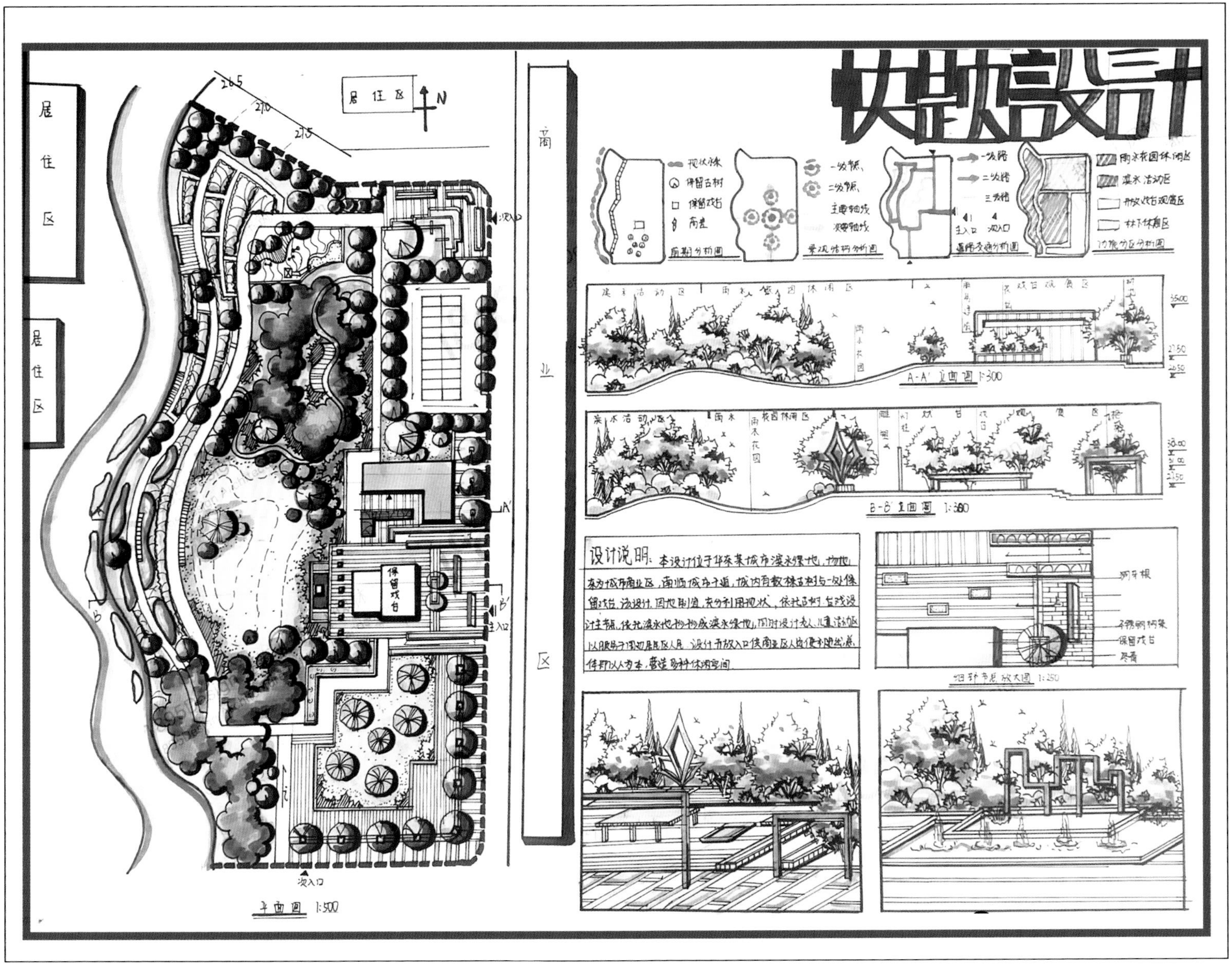

快题设计

评语

本快题设计案例图面整体丰富饱满,色彩清新干净。排版整齐,布局合理,对于借鉴意义的同学有借鉴意义。平面图景观轴线较为清晰,滨水景观轴线分层设计,对于邻商业街和城市主干道的半开敞空间处理到位。折线到曲线的过渡自然,交通系统明晰,植物种植能很好地表现空间的围合,并且在阳光草坪周围有很好的半开敞空间作为过渡。

缺点:最主要的问题就是滨水景观的塑造上比较薄弱,场地活动场地,缺少主要的亲水活动场地,除道路头尾的放坡处理外,上下两层道路之间没有连接;景观轴线不突出,建议在轴线末端进行滨水景观的着重塑造。效果图的表现还有待提高。

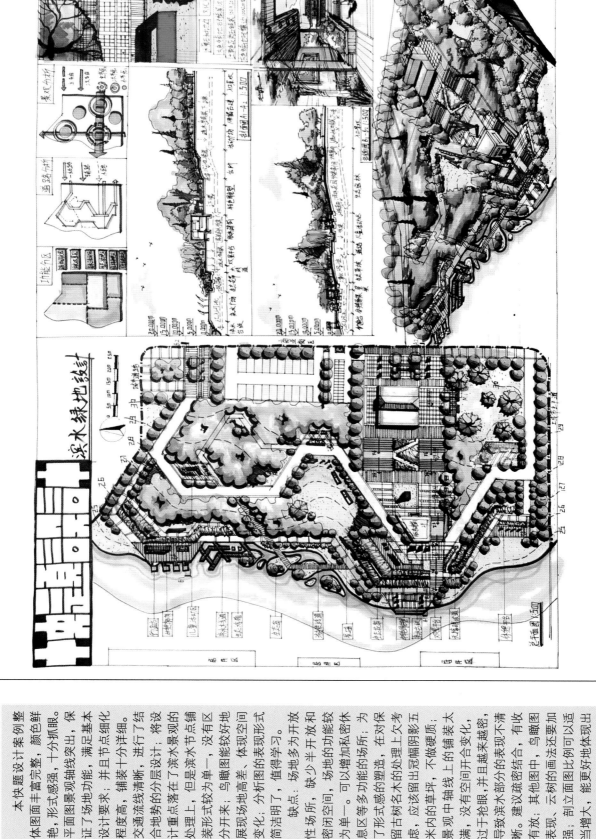

评语

本快题设计案例完整，颜色鲜艳，形式感强，十分抓眼。平面图景观轴线突出，保证了场地设计功能，满足基本设计要求，并且节点细化程度高，铺装十分详细。交通流线清晰，进行了结合地势的分层设计；将滨水景观的设计重点落在了滨水节点铺装形式较为单一，但是滨水景观能较好地展现场地高差，体现空间变化；分析图的表现形式简洁明了，值得学习。

缺点：场地多为开放性场所，缺少半开放和密闭空间，场地的功能较为单一，可以增加私密休息区等多功能的场所；为了开敞式感觉的塑造，在对保留古树名木的处理上欠考虑，应该留出冠幅阴影五米内的草坪，不做硬质；景观内的铺装变化太满，没有空间开合变化，过于抢眼，并且越来越密，导致滨水部分的表现不清晰。建议其他图中，鸟瞰图有收有放，鸟瞰图比例还要加强；剖立面图的画法比例可以适当增大，能更好地体现出植物的层次。

171

4.11 公园专题设计

题目来源：北京林业大学 2006 年硕士研究生入学考试真题

考试时间：6h

华北地区某城市市中心有一个面积 60hm² 的湖面，周围环以湖滨绿带，整个区域视线开阔，景观优美。近期拟对其湖滨公园的核心区进行改造规划，该区位于湖面的南部，范围如图，面积约 6.8hm²，核心区南临城市主干道，东西两侧与其他湖滨绿带相连，游人可沿道路进入，西南端楼主出入口，为现代建筑，不需改造，主出入口西侧（在给定图纸外）与公交车站和公园停车场相邻，是游人主要来向。用地内部地形有一定变化（如图），一条为湖体补水的引水渠自南部穿越，为湖体常年补水，渠北有两处古建筑需要保留，区内道路损坏较严重，需重建，植被长势较差，不需保留。

1. 内容要求

（1）核心区用地性质为公园用地，建设应符合现代城市建设和发展的要求，将其建设成为生态健全、景观优美、充满活力的户外公共活动空间。为满足该市居民日常休闲活动服务，该区域为开放式管理，不收门票。

希望考生在充分分析现状特征的前提下，提出具有创造性的规划方案。

（2）区内休憩、服务、管理建筑和设施区域内绿地面积应大于陆地面积的 70%，园路及铺装场地面积控制在陆地面积的 8%～18%。管理建筑应小于总用地面积的 1.5%，游览、休息、服务、公共建筑应小于总用地面积的 5.5%。

除其他休息、服务建筑外，原有的两栋古建筑面积一栋为 60m²，另一栋为 20m²，希望考生将其扩建为一处总建筑面积（包括这两栋建筑）为 300m² 左右的茶室（包括景观建筑等楼层建筑面积，其中室内茶座面积不小于 160m²）。

此项工作包括两部分内容：茶室建筑布局和为茶室创造特色环境，在总体规划图中完成。

（3）设计风格、形式不限。设计应考虑该区域在空间尺度、形态特征上与开阔湖面的关联，并具有一定特色。地形和水体均可根据需要决定是否改造、道路是否改线，无硬性要求，湖体常水位高程 43.20m，现状驳岸高程 43.7m，引水渠常水位高程 46.40m，水位基本恒定，渠水可引用。

（4）为形成良好的植被景观，需选择适应栽植地段立地条件的适生植物。要求完成整个区域的种植规划，并以文字在分析图中概括说明（不需要图示表达），不需列植物名录，规划总图只需反映植被类型（指乔木、灌木、草木、常绿或阔叶等）和种植类型。

2. 图纸要求

考生提交的答卷为三张图纸，图幅均为 A3，纸张类型、表现方式不限，满分 150 分，具体内容如下：

（1）核心区总体规划图 1∶1000（80 分）。

（2）分析图（20 分）。考生应对规划设想、空间类型、景观特点和视线关系等内容，利用符号语言，结合文字说明，图示表达，分析图不限比例尺，图中无须具象形态。

此图实为一张图示说明书，考生可不拘泥于上述具体要求，自行发挥，只要能表达设计特色均可。

植被规划说明应书写在此页图中。

（3）效果图两张（50 分）。请在一张 A3 图纸中完成，如为透视图，请标注视点位置及视线方向。

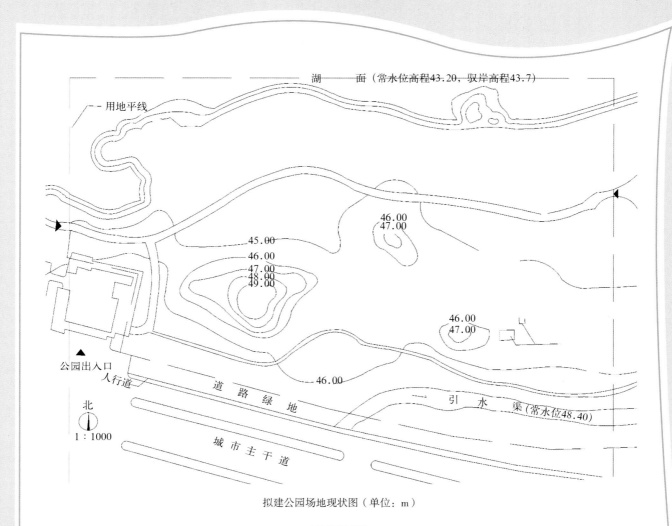

拟建公园场地现状图（单位：m）

解题思路

1.题意分析

明确该场地为城市中心大尺度公园中的核心区，主次入口位置已经给定。题目给定场地南侧有水位稳定的引水渠，因此考察的重点会偏向对于场地内部以及北侧水体景观的营造。

分析原场地内部涵盖的机会点：入口处的地形、引水渠、北侧水面、两栋古建筑。

2.难点解析

（1）引水渠的利用：场地内部分有地形，因此在营造大水面的时候位置布局不仅需要配合周围的功能空间，同时也要顺应地形。

（2）入口地形的利用：不同于其他题目当中可以把地形置于远离主入口的安静休息区，营造丰富的远景，该题的公园入口处就布置有一处地形，因此对于地形的处理需要考虑的因素就会更多。

（3）古建筑的利用：现状场地内部古建筑虽然占地面积小，且建筑外轮廓简单，却是需要重点关注的区域，怎样协调建筑外环境与建筑的关系，以及怎么做得出彩是比较难的部分。

设计主题 —— 某湖滨公园核心区

评语

本快题设计案例整体图面较为饱满，颜色协调，将公园考察较为看重的云树与水体强调得非常明确，但由此也能明显看出植物种植林草地空间较少，尤其是入口处的景深做得比较小气。整体交通流线流畅，没有无效交通，二级路与三级路的纵深都比较合适。方案的滨水一侧处理手法较为简单，可以再结合水生植物丰富图面。对于古建筑的改造是方案当中比较突出的地方，场地外轮廓与立面效果都能够最大限度复与周边环境相协调。

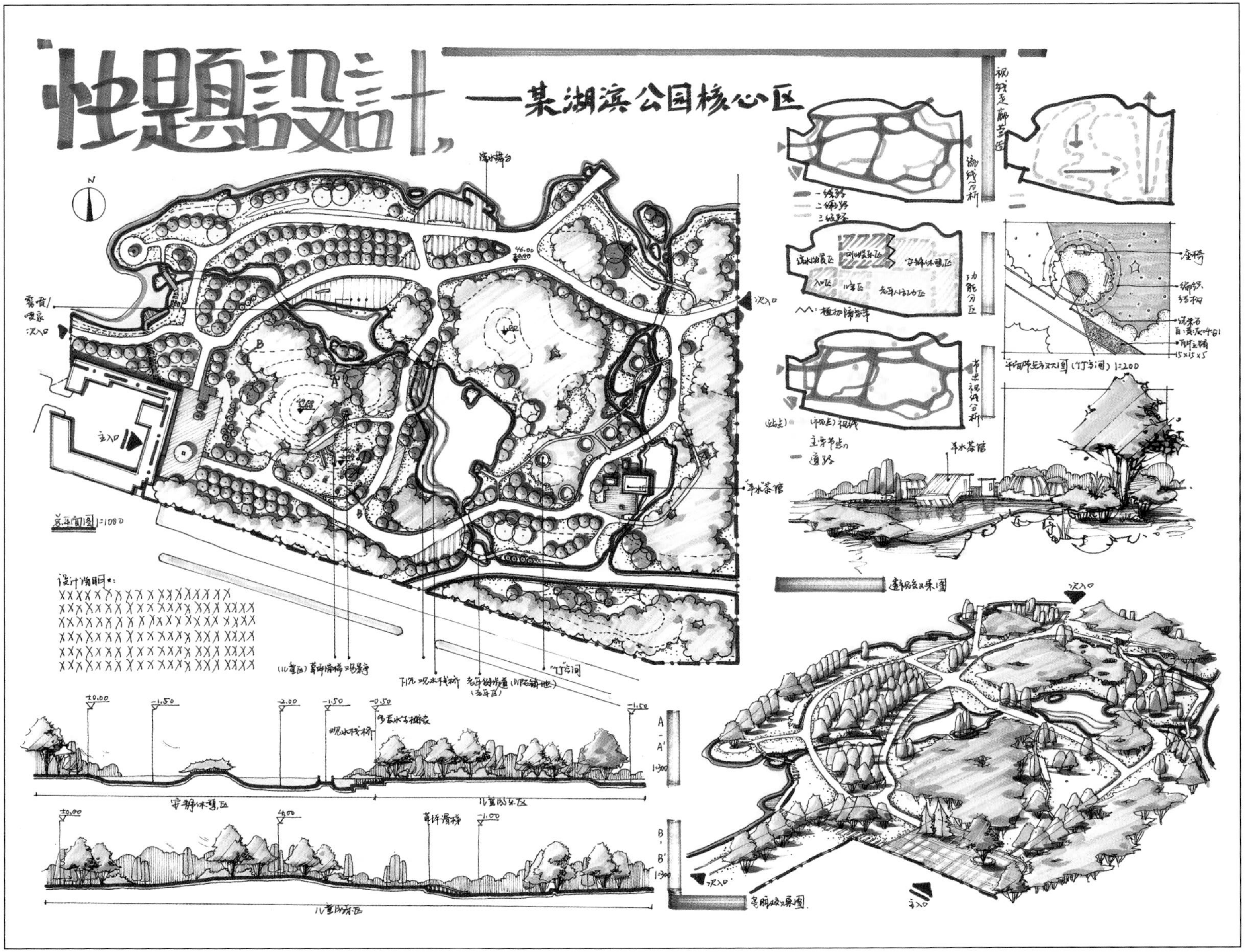

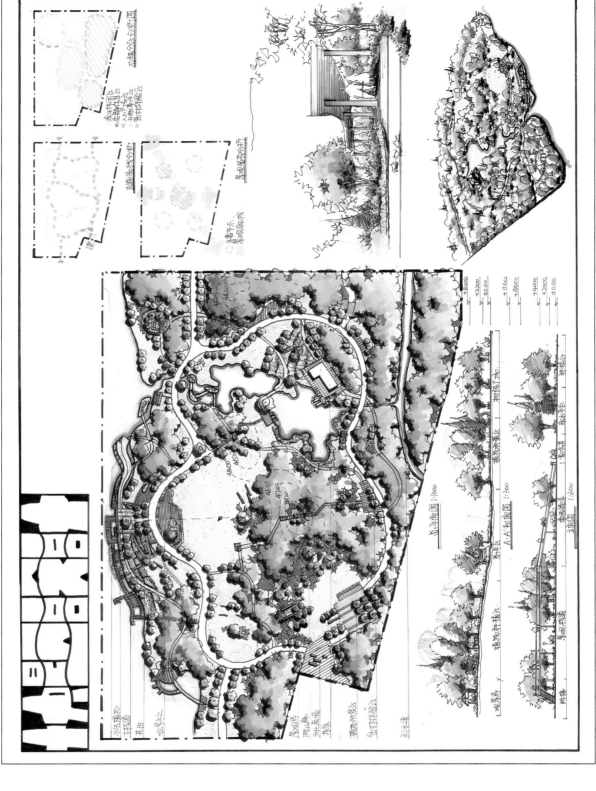

功能分区示意图

景观空间分析

景观点

景观节点·滨河流泉点

滨水植物·种植区

花田

观景台

景观语
假山洞
滨水展园
曲桥

滨河休憩区

引水渠

立面图 1:1000

滨河休憩区

A-A剖面图 1:200

植物种植区

引水渠

平面图 1:200

评语

本快题设计案例
整体色调统一，局部
图标注完整，
滨水驳岸中软质硬质
的过渡较好，并由此
产生的形式感较强，剖立
植物的组合多样，剖立
面图的层次和表现较
好。但没有指北针
比例尺和主次入口等
标示，整体画图规范
不严谨。

平面图中主入口
空间处理草率，没有
考虑与道路连接的细
节处理，生硬的同时
也没有考虑与中部入
口的关系。路网流畅，
但没有善用道路与空
间的穿插关系，所有
的空间都是沿道路设
置且目性没有明显差
别，小空间均质感明
显。主要节点不够
突出。

175

评语

本快题设计案例整体图面布置右侧偏空，颜色偏灰，空间对比没有拉开，部略空。剖立面图内容不够丰富，选择的剖线没有变化不是很明显。方案交通路网布局合理，同时与硬质空间形式搭配协调，疏密关系掌握得比较好，水体关系比例得当，大小水面以及溪流都进行了设计，但中央大水面周围的观景空间没有的观景面没有构图中心。主入口处的轴线关系不明确，目视线终景点没有景观收束。

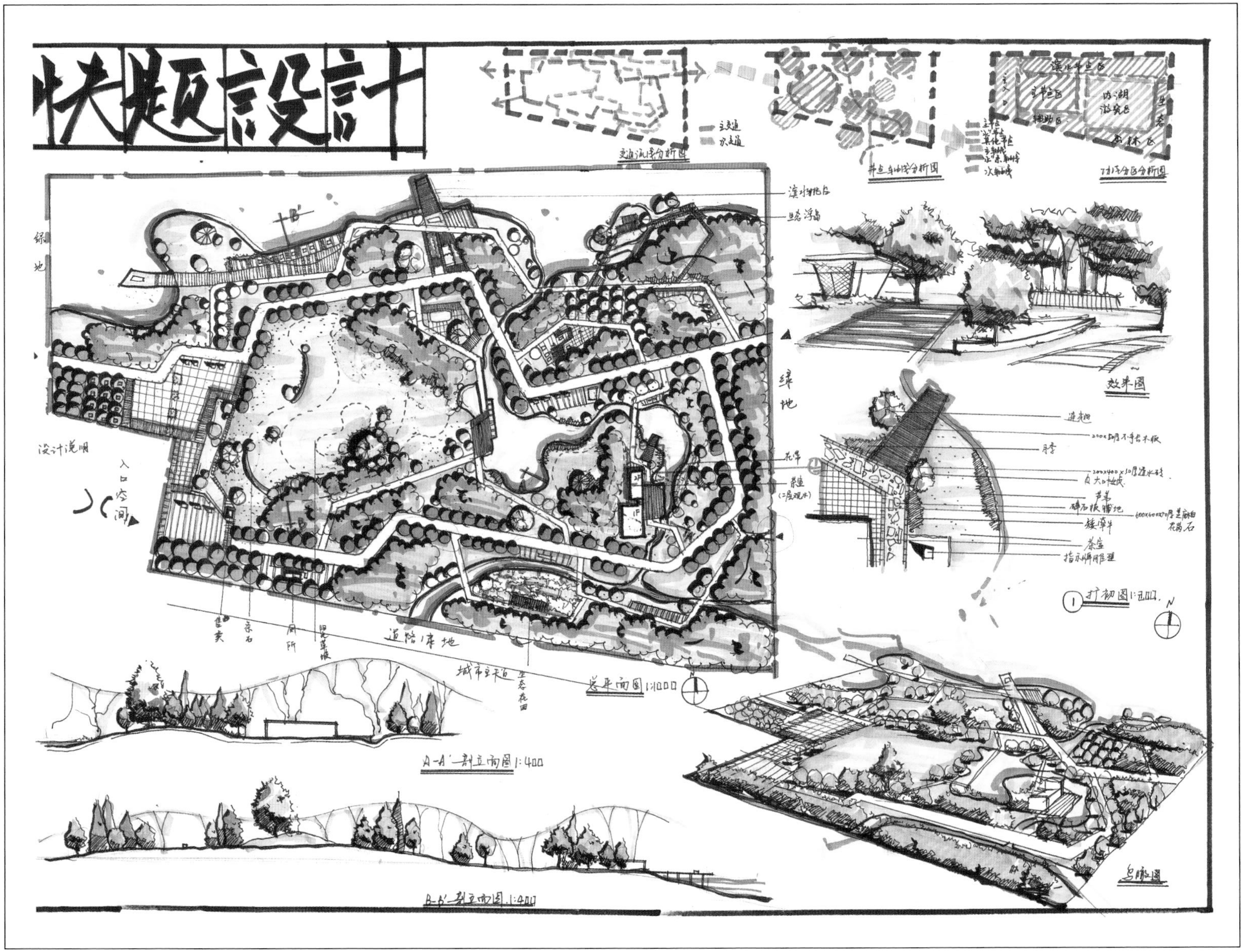

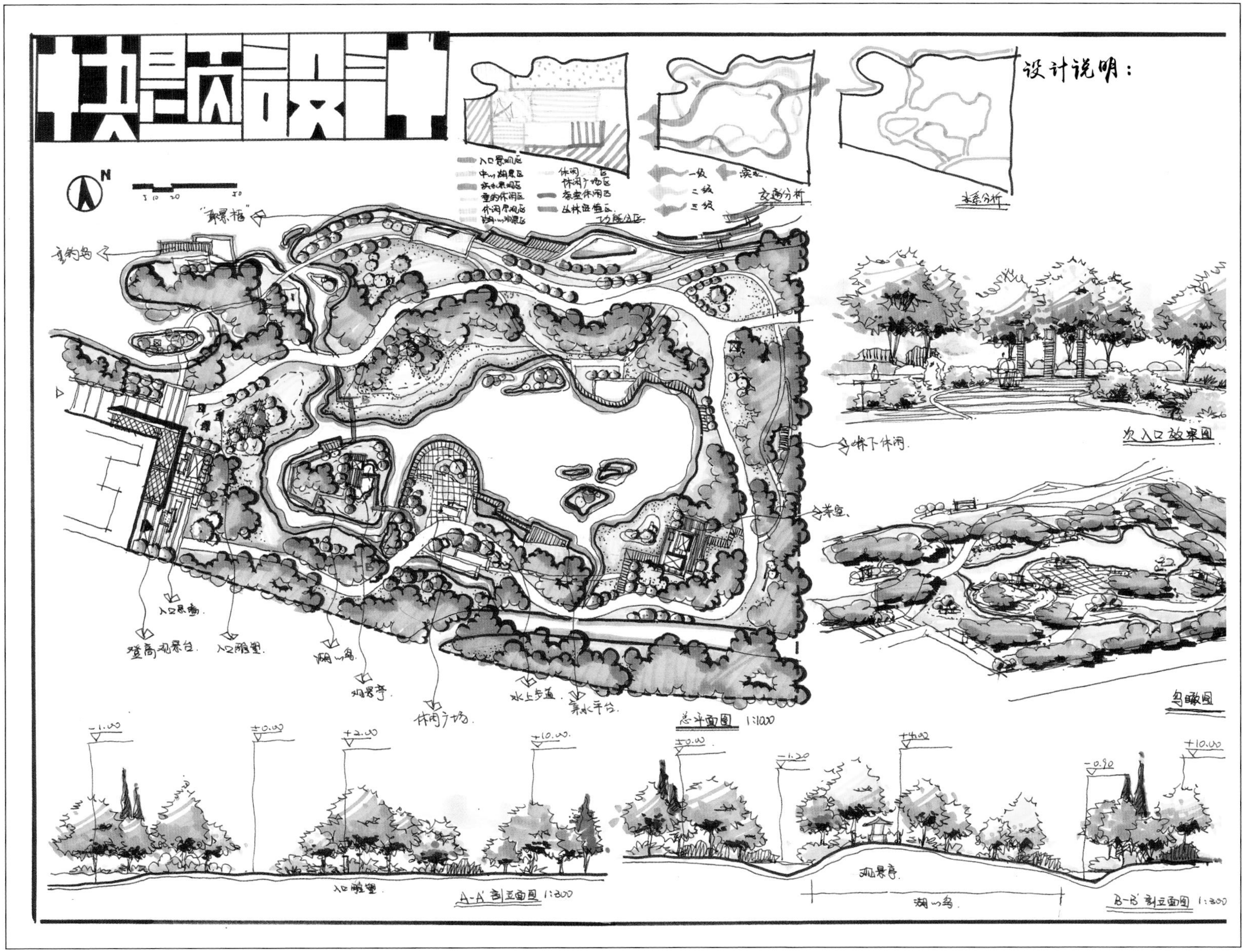

设计说明:

城市滨河公园

总平面图 1:1000

鸟瞰草图

B—B剖立面图 1:300

A—A剖立面图 1:200

评语

本快题设计案例整体图面较为饱满,图面布置还需要再压在图化,鸟瞰图图纸需要压在整体颜色对比突出的右下角,建议再增加一些配色增强颜色对比突出,建议图面色彩效果。平面方案中水体形式没有大大问题,但面积过大,建议适当缩小比例,植物种植可以在现有云树组团的基础上增加与单株树的搭配,滨水空间的路线有问题,人群不能进入滨好地、顺畅地进入滨水空间,图面其他地方的二级路,路径不通畅种的问题,路径往深过这大等。

4.12 抗日烈士纪念园设计

题目来源：南京林业大学 2019 年风景园林硕士研究生入学考试真题

考试时间：6h

1. 场地概况

我国华东某县一个旅游景区，拟建设一个抗日烈士纪念园，形成该区块的标志性景点，提升整个景区的景观环境质量，建设拟选址于景区一处山坡地，基地南侧有道路连接景区入口和其他景点，场地高差如地形图所示，用地面积约 17000m²。

2. 设计内容

（1）充分结合现有地形条件，利用纪念碑、纪念景墙、纪念广场、景观小品等设计元素，形成纪念性空间序列。

（2）妥善处理好地形高差，合理安排台阶、台地和广场，从地形分析和视线分析的角度合理确定设计纪念碑的位置、高度和体量，突出纪念碑的主景作用。

（3）集合空间围合和空间序列组织，形成优美有序的绿化种植景观，树种选择应适应空地氛围。

3. 图纸要求

（1）总平面图：要求明确表达各景观构筑物的平面形态、铺装、绿化等，应标明各设计元素的名称和各场地关键点的竖向标高，表达清楚高差处理（标明台阶级数）等。比例 1：500。

（2）场地整体剖面图：要求能清晰表达地形和空间序列的竖向处理，明确景观构筑物的尺寸和体量关系，并表达景观视线处理的设计意图，比例 1：300 ~ 1：500。

（3）总体鸟瞰图：要求不小于 A4 画幅。

（4）纪念碑设计图：平立剖面图要求表达纪念碑设计的形态、结构处理和材料处理，比例 1：150 ~ 1：200。

（5）设计说明分析图：表达设计构思及意图，比例自定。

拟建抗日烈士纪念园场地地形图（单位：m）

解题思路

1. 题意分析

（1）定性：尺度 + 绿地类型。

1）尺度：中小尺度。

2）绿地类型：山地公园。

（2）定位：面向的主要人群为红色纪念园参观游览人群以及抗日烈士家属，场地应提供纪念性空间、休憩沉思空间等贴合纪念性氛围的空间类型。

（3）定量。

1）周边环境：场地南侧有道路连接景区入口和其他景点，其余周边均为山地。

2）场地功能要求：题目要求处理场地内纵向 60m 的坡地高差，场地应具备缅怀、追思空间，基本的休闲游憩空间，以及一定的景观效益和生态效益，并注意打造纪念性景观的序列感。

2. 关键考点

（1）纪念序列的设置：场地为抗日烈士纪念园，相比其他考题，题目类型比较特别，主题性明确。纪念陵园的设计过程中，最不可忽视的就是其景观序列的营建。在设计过程中注意场地序列感的营造以及情感的递进体验，尽力打造为一个感染力强、序列感强的纪念性空间。

（2）高差处理：对于 60m 的高差进行地形处理，利用等高线梳理，台地、放坡以及台阶处理来处理场地高差。利用不同手法处理高差形成多重的空间体验，并且利用场地地形形成仰视景观，符合纪念陵园的总体风格特点。

（3）空间设计：主空间宜和纪念碑广场结合设置，根据纪念碑的位置、高度、体量设置其位置和观赏点。周边山地空间应注意设置休憩场地、沉思场地，保障山地公园基本的休憩和生态功能。

（4）细节设计：在进行序列感营造时，可结合轴线设置，突出纪念性园林庄严肃穆的场地氛围，以及抬升纪念碑主景观。另需借助周边山地空间，打造可参与性、亲近感的纪念性景观。注意保留题干给出的茶田景观，可以借助茶田景观营建台地景观。

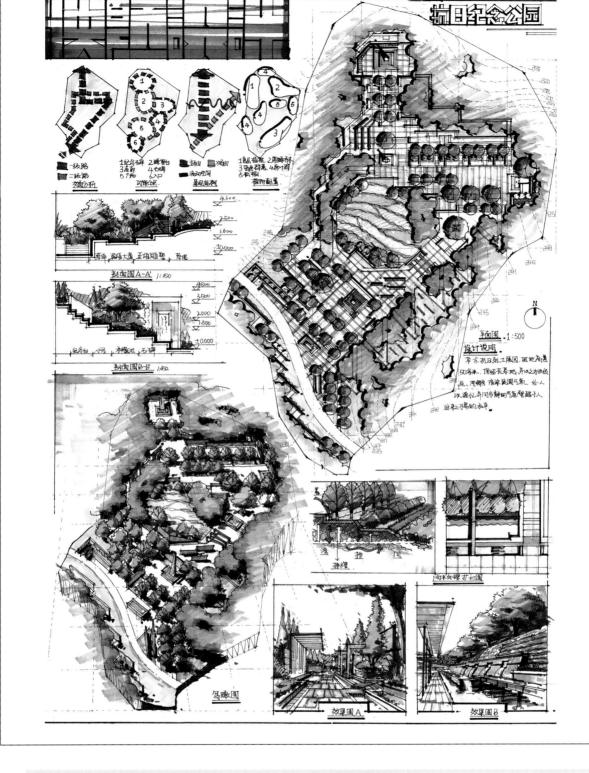

抗日纪念公园

剖面图A-A' 1:150

剖面图B-B 1:150

平面图 1:500

设计说明

鸟瞰图

效果图A

效果图B

评语

优点：本快题设计方案例整体排版舒适，内容丰富，完成度高，颜色统一和谐，图面的手绘表现效果好。

平面图能体现纪念性园林庄严肃穆的感觉，纪念性广场的设计元素运用丰富，能很好地利用植物和景观小品来丰富和划分空间。设计说明以及文字解释精注。分析图为平面图的补充。立面图表现了对于地势高差的处理，并且展现了景观小品的设计。其他图能看出植物的组团和分层设计。关于生态分析的剖面图形式新颖，可以清晰地看到设计有考虑到场地内的雨洪管理问题。效果图表现良好。

缺点：①入口空间均质，变化不明显，不如场地上半部分精彩；②连接场地上下两部分的主要轴线不突出；③开敞的绿地空间缺天；④扩初图不规范，没有标注，应该多练习扩初图的规范表达；⑤没有考虑到无障碍设计，场地高差全是用台阶进行处理。

181

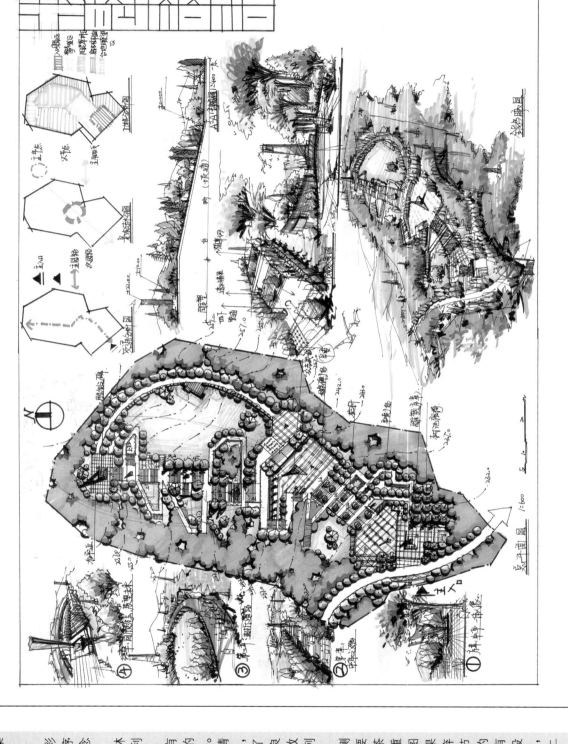

评语

优点：本快题设计方案整体图面表达丰富，比例完成度较高，颜色舒适，色彩整体图面表达细致，层次丰富。平面图图轴线序列感较强，从入口到纪念碑的序列做得较为精彩，并且体现出了纪念性园林庄严肃穆的风格特点，利用台阶作为拾升，突出主景。一些山地小空间也比较有趣。纪念碑后一片纯色的草坪作为背景，非常精彩。对于等高线的梳理非常清晰，值得借鉴。其他图中，鸟瞰图透视准确表达出了山地的氛围，疏密关系良好，颜色清丽，效果图表现出了纪念性序列的内容，非常精心。

缺点：①纪念碑北侧弧形道路不满足坡度要求；②未考虑现状保留茶田景观；③整幅图纸侧重于效果图的表达，效果图内容过多，右侧两个效果图加一个鸟瞰图应舍弃1～2个，尽量去表现节点详图这种制图要求的图文字表现习惯，不只是设计说明，还有分图示和标注，图中可看出在文字功底上有待加强。

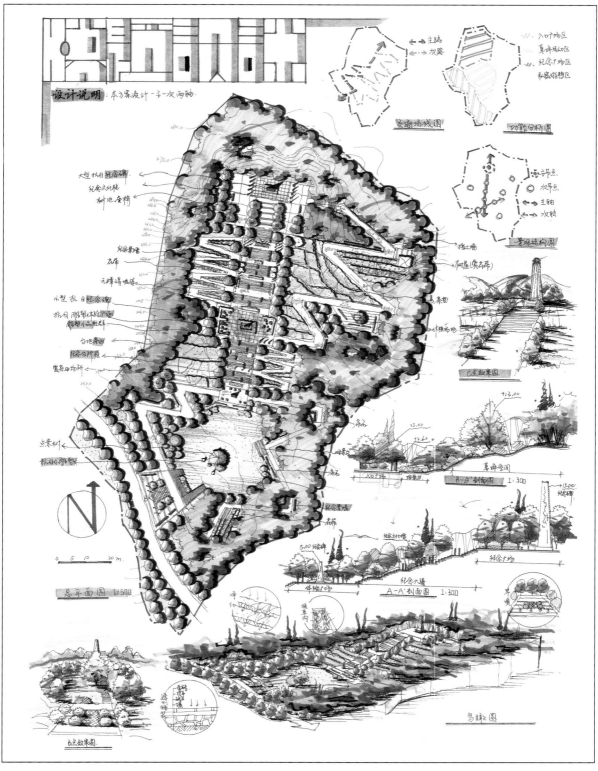

设计说明：本方案设计一心一次两轴。

交通流线图

功能分析图

景观结构图

大型抗日纪念碑
纪念文化墙
荷花座椅

纪念景墙
花架
元坪得堀道

小型抗日纪念碑
抗日雕塑体验区
静想小品群
台地茶田
抗战名人园
览景四功所

点景树
抗日小雕塑群

N

0 5 10   20 m

总平面图 1:500

挡土墙
风雨（景石桥）

茶田

小坡高地

C点效果图

入口广场
理景墙

草坪空间

B-B'剖面图 1:300

纪念碑

纪念文化墙
纪念广场

纪念大道

A-A'剖面图 1:300

鸟瞰图

点景效果图

优点：本快题设计案例整体图面表达干净整洁，重点突出，图纸完成度高，平面图表达相对不错。小图纸用绿色草坪空间营造了一种静谧的氛围，并利用草坪进行轴线的转折，处理得比较巧妙。之后利用合阶式碑线上的转折，不仅是情绪到大纪念碑，不仅是空间上的纪念碑，也是空间上的"之"字形坡度要求，也利用"之"字形坡道满足了许多静态的山地小空间。平面图内的数字标注非常值得借鉴。小地小空间。平面图表现良好，基本满足考试要求。

缺点：①总体纪念性的氛围已经体现得相对不错，在空间上思考怎么加强体验性纪念空间可能会更好；②剖面图图表现时，建议选择两种不同尺度的剖立面图，一种体现场地地形高差设计，一种体现主景观或者主要设计节点的细致设计明确部分，不要忘记设计说明的一部分；④对于茶田景观的明确保留，需要在图纸上明确体现出来。

练习：

4.13　台地公园景观设计

题目来源：浙江农林大学 2015 年风景园林硕士研究生入学考试真题

考试时间：6h

1. 概况

为满足市民日益增长的休闲需求，某城市拟将市区森林公园的一块场地建为台地公园，并作为森林公园的次入口。该台地园面积约为 12000m²，为一坡地（见附图），基地面临城市干道，背靠城市山体，干道北侧为住宅区。基地内原有废弃建筑 2 幢，山体与人行道路交接处有挡土墙，基地中间有一条碎石路通向山间健身平台。山林中有两处水塘，水质清澈。周围森林植被以马尼松为主，场地东侧为森林公园的管理办公用房。

（1）本设计要求考生将基地设计为台地园，以休闲功能为主，促进受众驻足与停留，改善周边居民的生活与交往。

（2）要求该场地与山间现有的健身平台具备交通联系。

（3）基地内废弃建筑和水塘的处理方式由考生自定。

2. 内容要求

（1）文字说明及植物名录（15 分）。

1）自拟设计主题，并阐明所做方案的总体目标、立意构思、功能定位及实现手段，字数 200 字左右。

2）写出本设计中主要植物名录，不少于 10 种。

（2）方案设计（135 分）。

1）需将基地设计为台地园，并考虑与周围自然山林的融合（35 分）。

2）要求按照题目要求，因地制宜地进行规划设计，提交 1∶500 的设计平面图（80 分）。

3）绘制 1 张幅面不小于 A3 的鸟瞰图或 2 张能反映设计构思的效果图（20 分）。

3. 答题说明

（1）设计说明务必条理清晰、字迹工整，可在设计平面图恰当位置书写。

（2）规划设计正图均要求用墨线绘制在绘图纸上，徒手与辅助工具绘制均可。其中，平面图不得施色（施色者将酌情扣分），效果图是否施色自定。

（3）图中未注明的现状情况，可不予考虑，也可考生自拟。

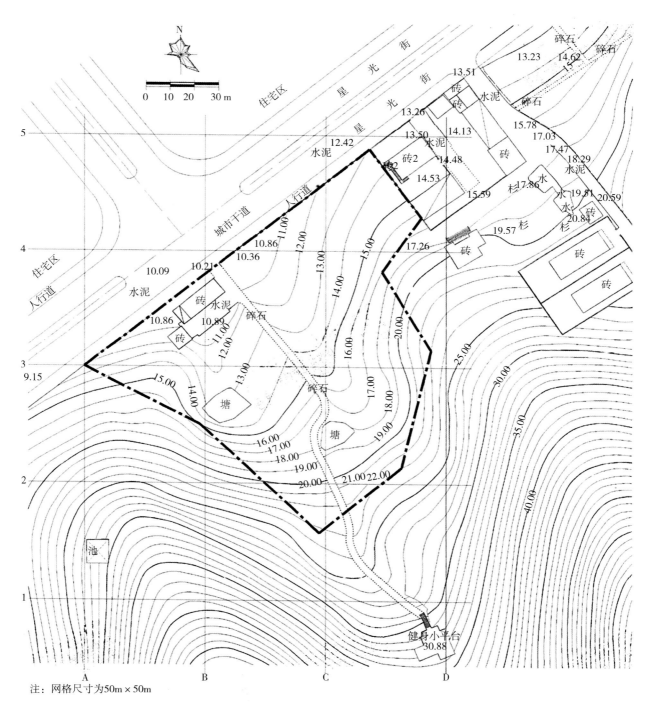

注：网格尺寸为50m×50m

拟建台地公园场地现状图

解题思路

1. 题意分析

（1）定性：尺度＋绿地类型。

1）尺度：中小尺度，12000m²。

2）绿地类型：台地公园（功能适当丰富，方便就近游玩）、森林公园的次入口（通达性，山林氛围）。

（2）定位：面向市区人群（包括北部社区）的森林台地公园，注意高差景观和自然体验（保证绿地率）。

（3）定量。

1）项目背景

区位分析→（拟定）华北→植物选择＋用水面积控制（结合水塘）

地形地貌→ 11m坡地，北低南高，山体和北侧道路交接处有挡土墙

所处位置→ 山地＋公园入口 → 开放性

保留要素→ 入口处：两幢废弃建筑， 南侧：两处水质较好的水塘

2）周边环境

北部：居住区＋城市干道

东侧：公园管理用房

南侧：道路通往公园内部，山顶的健身平台

西侧：公园山体

2. 难点

（1）高差：11m缓坡需改为台地，在满足规范基础上进行丰富的高差设计，包括交通的无障碍设计以及适当的活动场地等。

（2）保留物：两处建筑、两处水塘。

（3）出入口：南部和东部两处与公园内部的交通联系。

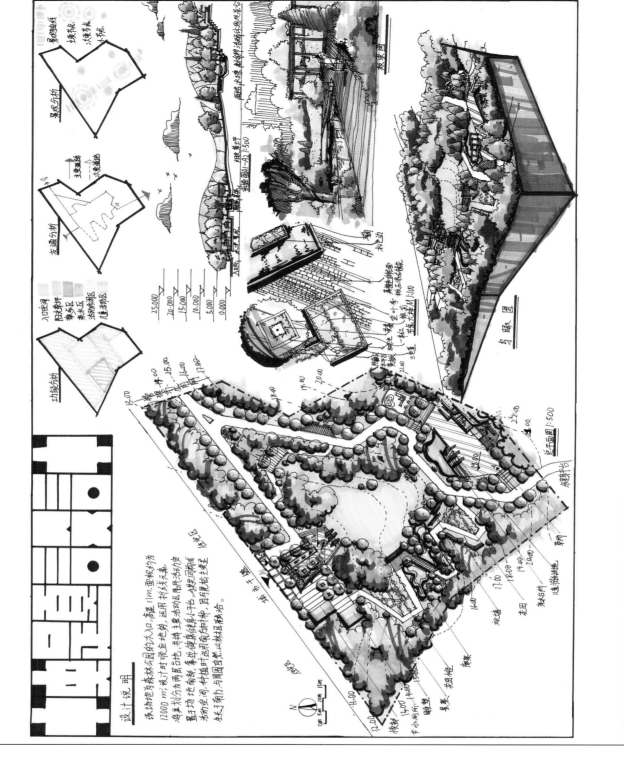

博雅景点设计

设计说明

该功能地为森林公园的入口，海拔11m，亚热带分布12000 m²，设计时顺应地势，运用竖向关系来峰具划分为两个层台地，并将主要活动及展示活动放置于场的东处，象处使硬质铺装外不动，此处同时间向湖和水塘的负处种植时选用南方树种，目前此处主要生长了南向与园内景点并此林相结群治。

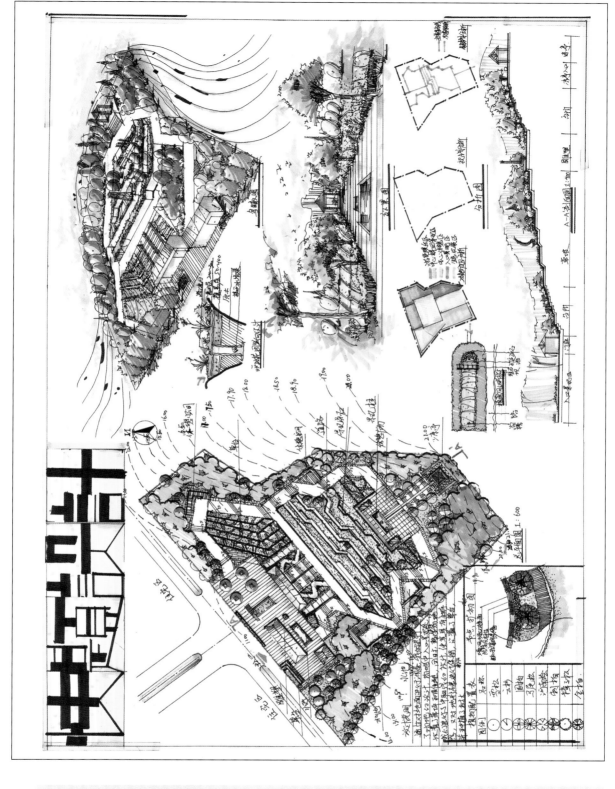

评语

优点：本快题设计方案整体图面完整，刻画细致，用色和谐。平面图高差处理制高点的凉亭和跌水尤其是设置跌水的设计很合理，入口广场另外设置建筑和台阶等结合，入口处保留梯田和水塘都进行了较为妥善的处理。入口处景观处理较好，做欲场先抑后扬处理，通过台阶上至梯田，和山顶凉亭、跌水等各个成种画次分明，疏密关系节点可可。其他效果图细致，尤其是鸟瞰图和鸟瞰图。

鸟瞰图刻画画面出高差，设计部分如台阶、路网交代清楚，远近层次植物区分明显，表达效果很好。增加了生态效果技术示意图，值得鼓励。

缺点：①图面排版不大舒服，应将鸟瞰图正底，分析图靠近平面图往上放；②交通问题较大，最明显的问题是未设置通往南侧健身平台和东侧管理用房的道路，主路与主路不宜设置台阶，同时只需一侧设主路，其余改为次路即可；出现主路串联二级路的问题，应适当增加二级路；③未考虑无障碍设计；④两个广场太晒，硬质座凳，现有种植太少太散，树池、硬质座凳等，种植植大率太高，应增加。

评语

优点：本快题设计案例整体图面完整，色彩和谐清新，各个图详略得当。平面图"曲线+卵形"的构图非常抓人眼球。入口处通过分流，将主次入口进行分流，值得学习。气势突出，制高点较大，设有平台进行鸟瞰视角观赏，都是很好的高差处理手法。中心草坪等丰富。休憩木平台等丰富，使得草坪和其他节点有所联系，避免硬质大硬、软质大软的问题。针对老人和孩子在入口处设置了活动区域，功能较为完善。各个小空间设置半开放区域进行过渡。两个保留区域建筑其中一个保留，另一个做柱网和其他图的功能分区名称及位置很合理。鸟瞰图高差表达较好，路网节点清晰。透视准确，植物层次开层次。剖立面乔灌草层次丰富，高差表现到位，并加上了植草沟设计。

缺点：图面排版版需稍加调整，用鸟瞰图压底。平面图缺乏周边环境；入口广场铺装很丰富但是缺乏细节；通往东侧大密闭房的道路太大路，左侧缺水缺乏平台但无水，路通往。右侧花带的交通路通往也出现了断头路缺天色叶树，应也出现了设计在平面图、剖面图、整个设计缺头天色叶树，应体现在平面图、剖面图、鸟瞰图等图中。

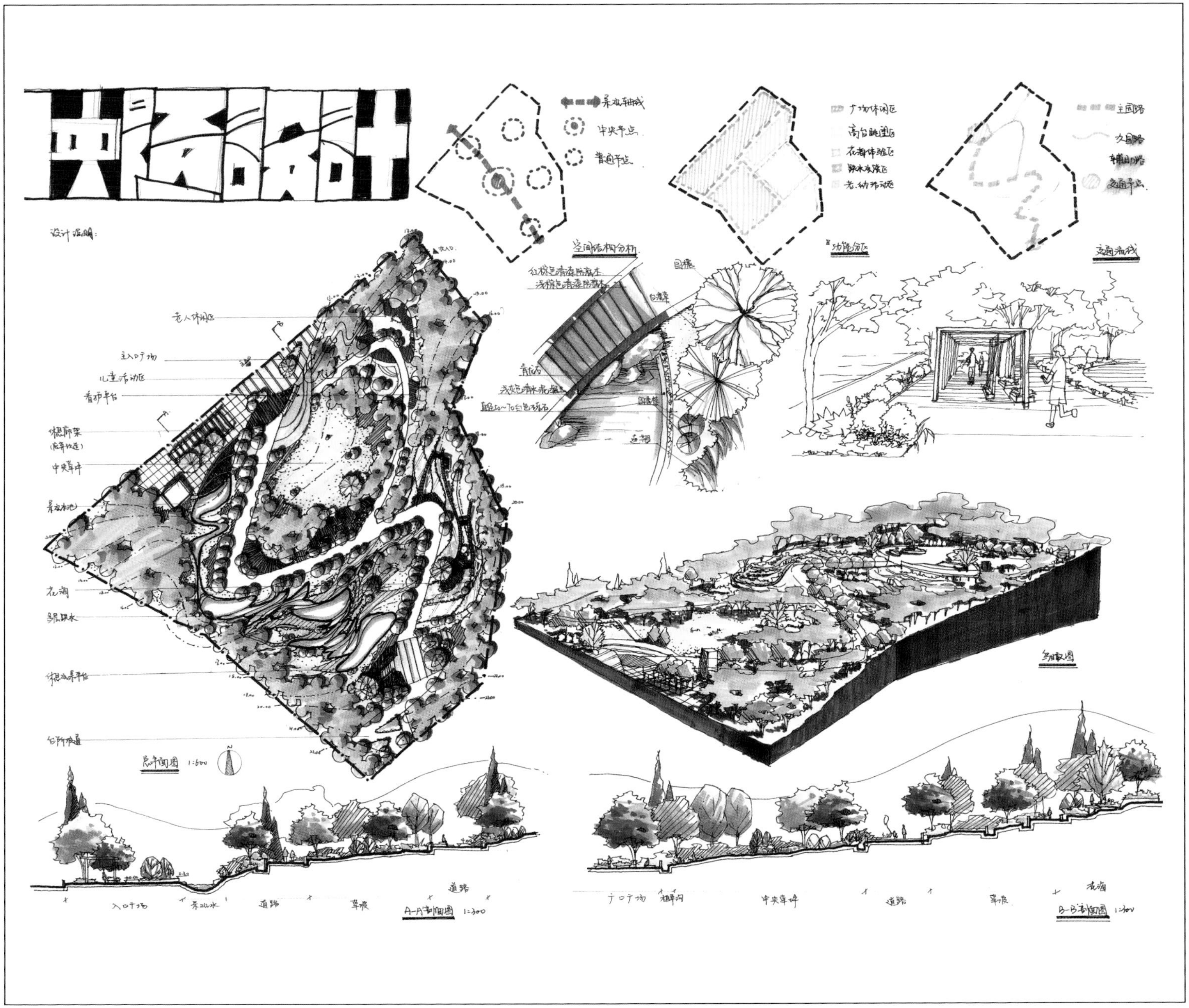

4.14 石灰窑改造公园设计

题目来源：同济大学 2011 年风景园林硕士研究生入学考试真题

考试时间：6h

1. 场地概况

用地位于江南某小城市近郊，距离市中心仅有 10min 车程，基地三面环山，东侧向高速公路开口，总面积约为 2.3hm²。基地分为上下两层台地，四周密林贴着山崖耸立。

下层台地有三座现状建筑，两个池塘。上层为工作场坪，有机动车道从南侧上山斜街。

生产流程是卡车拉来石灰石送到上层平台。将一层石灰石、一层煤，间隔从顶部加入窑内。之后从窑底点火鼓风，让间隔在石灰石之间的煤层燃烧，最终石灰石爆裂成石灰粉，从窑底运出。目前该石灰窑已经被政府关停，改造为免费的开放型公园。

2. 设计内容

该公园主要满足市民近郊户外休闲，以游赏观景为主，适当辅以其他休闲功能。建筑、道路、水体、绿地的布局和指标没有具体限制，但是绿地率应较高。

原有的建筑均可以拆除，密林保留，宜在上下台地各自设置一座小型服务建筑（面积 30 ~ 50m²），各自配置 5 个小汽车停车位。下层台地应考虑二级公路进入的入口景观效果，设置一座厕所（面积 40m）以及自行车停车场等。

应策划并规划使用功能、生态绿化、视觉景观、历史文化等方面内容，设计方案应该实用、美观、大方。

3. 图纸要求

（1）A3 图纸若干张。

（2）设计平面图（1：700）。

（3）分析图若干张。

（4）文字说明。

（5）其他重要平、立、剖面图，效果不限。

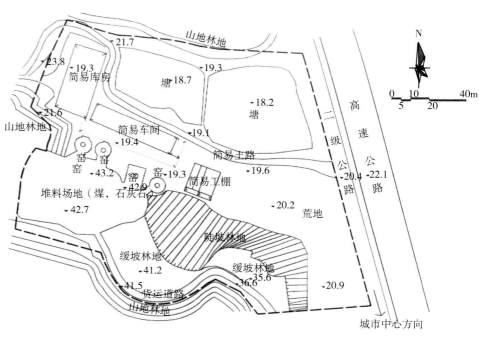

石灰窑改造公园项目场地现状图（单位：m）

解题思路

1. 题意分析

（1）定性：尺度 + 绿地类型。

1）尺度：中小尺度。

2）绿地类型：工业遗址公园。

（2）定位：设计要求明确指出公园距离市中心有 10min 的车程，故设计场地所面向的人群应为市区内的居民群体，作为一种短暂休憩娱乐的场地。

（3）定量。

1）周边环境：除东侧为高速公路外，其余周边均为山林地。

2）场地功能要求：题目作为一个矿坑遗址公园，且距离市区具有一定距离，可判断其主要用于提供居民周末、短期假期出行的休憩娱乐需求。

2. 设计思路

（1）交通流线的布置：场地内原有道路通达二级公路及场地西北角，故在考虑交通入口时需考虑保留两处入口，并应尽可能保证场地内部道路的通达性、顺畅性。

（2）两层台地的处理：场地整体呈现北低南高的趋势，北侧有水塘留存，可结合水塘设置不同的亲水空间，而南侧空间为堆料场地，具备一定的高度，故可以借用高度进行眺望、观赏等活动，也可利用。

（3）保留体的处理：场地内有许多保留体的处理，对于现存建筑应注意判别，简易工棚和简易车间等没有保留价值的建筑应当考虑拆除，而对于水塘、窑体等具有一定场地精神的保留体，应合理考虑其使用性、观赏性以及工业精神的寄托等多方面的内容。

（4）服务建筑设计：服务建筑的设置需要考虑人流问题，尽量设置在距离主入口近的位置。

（5）停车场的设计：5 个停车位设计单个入口即可，但应注意回车场地的设计。

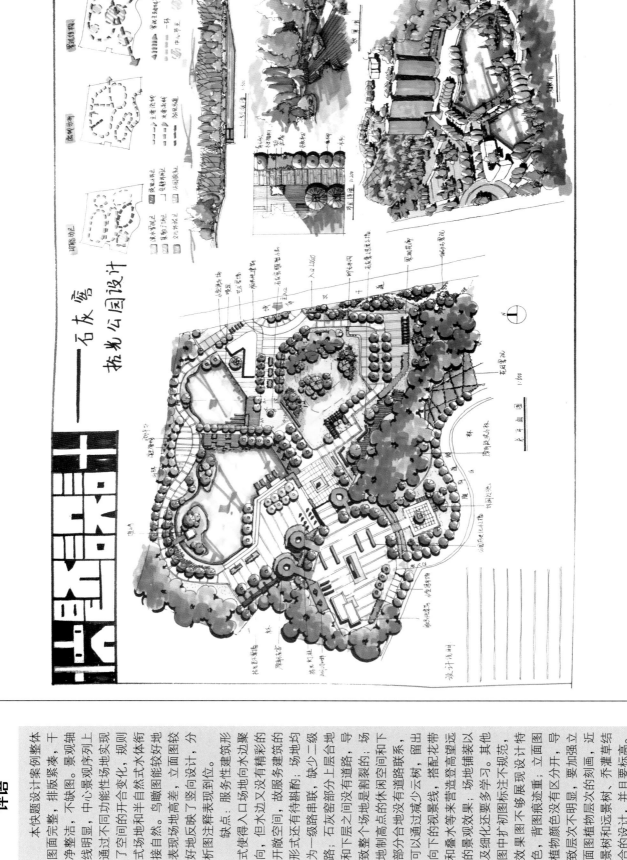

快题设计

——石水岭布为公园设计

评语

本快题设计案例整体图面完整，不缺项，干净整洁，排版紧凑。景观轴线明显，中心景观。通过不同功能性场地实现了空间的开合变化，规则式场地和半自然式水体衔接自然。鸟瞰图能较好地表现场地高差，立面图较好地反映了竖向设计，分析图注释表现到位。

缺点：服务性建筑形式使得入口场地向水边聚向，但水边又没有精彩的开敞空间，故服务建筑的形式还有待斟酌；场地均为一级路，缺少二级路；石灰岩部分上层合地和下层之间没有道路，号致整个场地是割裂的；场地使高点的休闲空间和下部分合地没有有道路联系，可以通过减少云树，留出向下的视线，搭配花带和叠水等来营造登高望远的景观效果。场地铺装以及细化还要多学习。其他图中扩初展现现设计特色，背图痕迹没有区分开，立面图效果还要现重，要加强立面图植物颜色没有刻画，近致层次不明显，乔灌草结合的设计，并且要标高。

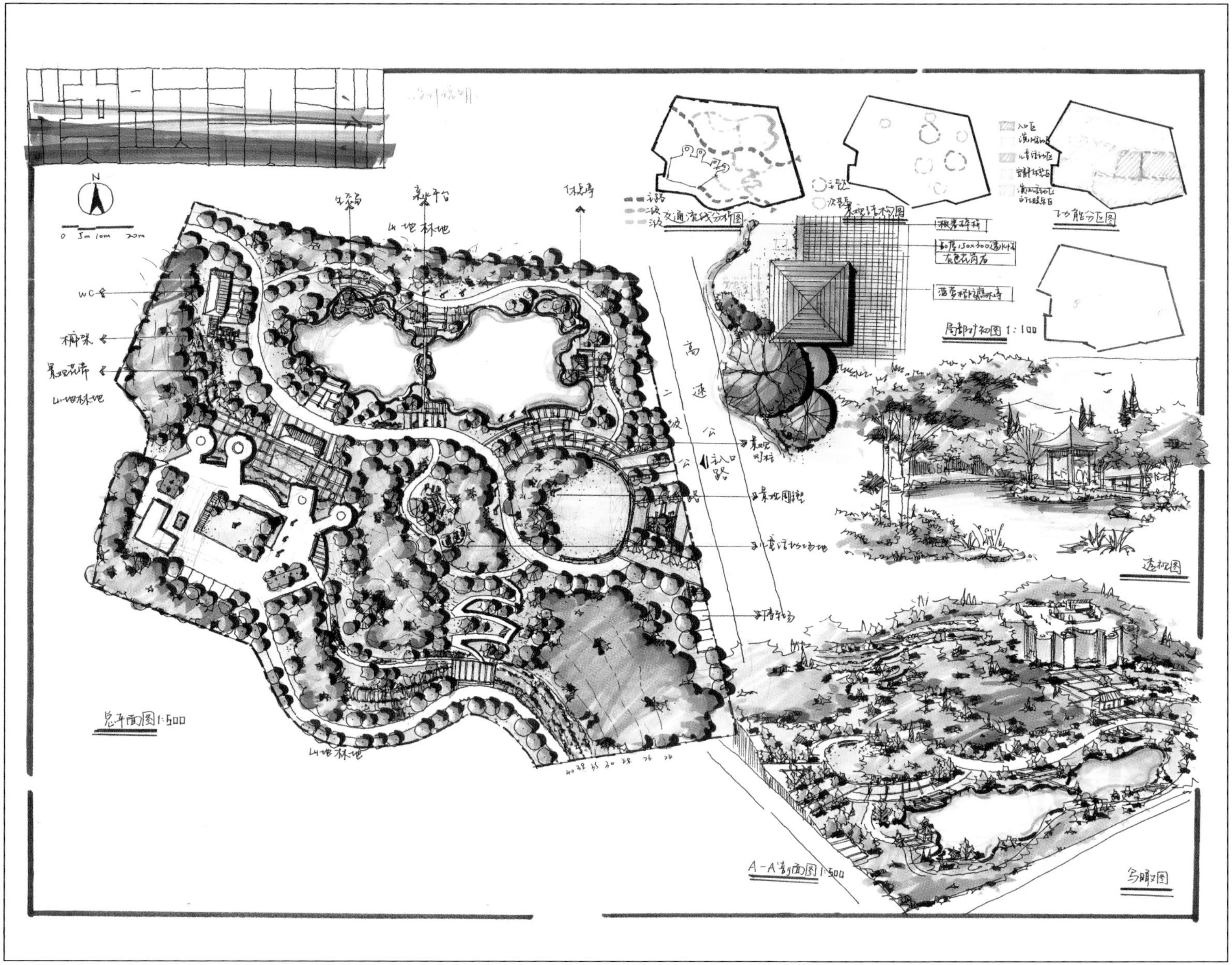
总平面图1:500
局部扩初图1:100
透视图
A-A剖面图1:500
鸟瞰图

评语

本快题设计案例整体图面较为完整，配色清新淡雅，手绘表现能力较好。在空间上有主有次，且道路系统清晰。水景的设计是本案例最大的亮点所在，其岸线设计形式优美，并结合多处节点构成对景、借景。空间的活动类型多样，元素使用较为成熟。但沿西侧水池打造的景观轴线并没有凸显出来，建议替换相同的空间类型（草坪空间、硬质空间），并设计核心景点（孤植树、雕像等）；半开敞的植物空间类型还需要去细化；针对高差这一考点最好多设计一些景观节点与休息环境，而不仅仅用道路解决高差；规范方面相应的坡线、地形标高需要标注清楚。扩初图方面表现内容太为单一薄弱，建议换成一个景观小节点的细化，图最好结合一些生态内容。

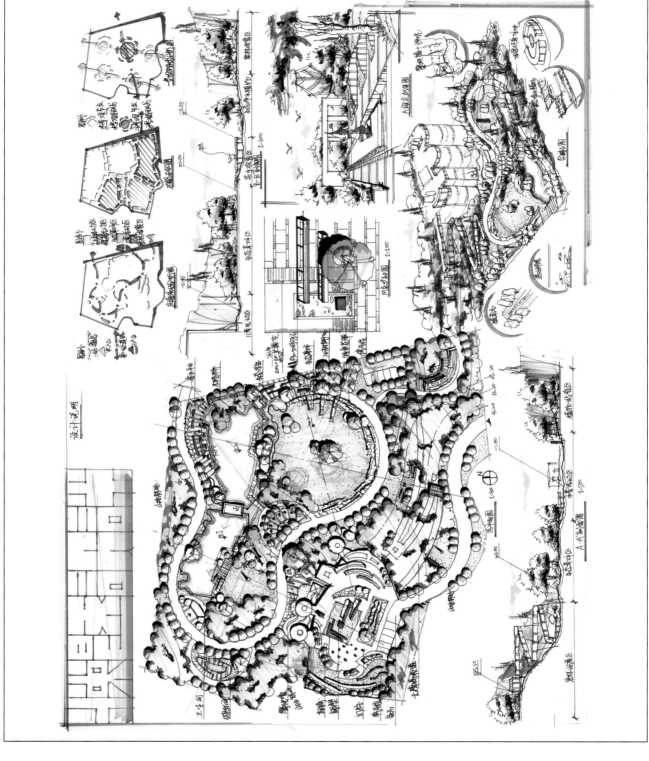

评语

本快题设计案例整体图面完整，配色较强，手绘表现能力较强。方案的空间结构、道路系统清晰。空间类型较为丰富，并有打造景观线的意识。剖面图、扩初图内容丰富，鸟瞰图结合了生态方面的效果图，十分值得学习借鉴。但景观轴线所对应的空间较为单一，需要从水景配方面进一步细化；关于水景的节点设计、岸线设计还需要加强；针对高差这一考点只是用道路消极处理，建议打造成一个景观亮点，体现高差的处理能力；规范方面道路的坡度、地形的标高需要标注；活动空间里只是元素的简单堆积，建议加强内部的有机统一并体现节点的空间感。

4.15　山地疗养院景观设计

题目来源：天津大学 2019 年风景园林硕士研究生入学考试真题

考试时间：6h

　　场地位于北方某郊区的封闭式疗养院的山坡，北侧是城市道路，东侧为疗养院，疗养院为新中式建筑，植被状态良好，疗养院后花园提供休闲健身功能，山坡西侧清代六角亭为保留建筑。

　　要求：

（1）设计一条环道（考虑无障碍设计），并标注道路标高及坡度。

（2）主要平台要求标注尺寸和标高。

（3）详细的雨洪设计。

（4）设计绿化、铺装、灯具。

（5）设计说明（要说明主题），生态设计说明。

（6）剖面图、立面图至少各 1 个。

（7）效果图 2 ~ 3 个（形式不限）。

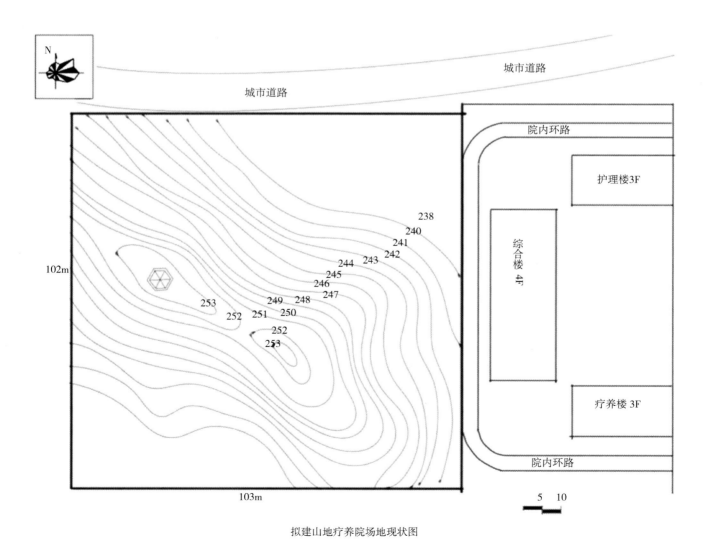

拟建山地疗养院场地现状图

解题思路

1. 题意分析

（1）用地性质：场地位于山地环境，是服务于疗养院的康养花园。

（2）区位信息：场地位于北方某郊区的封闭式疗养院的山坡，北侧是城市道路，东侧为疗养院，因此不对外开放，相对于小型社区公园或游园，应更加注意健康、疗养方面的内容和功能。

（3）场地信息：场地内部有约12m高差，是设计过程中首要面对的问题，应当因地制宜，顺应高差布置景观要素。

（4）水文信息：场地中本身没有水体，但山谷间会积存大量雨水，应当在地势较低处，适当设置汇水区域。

2. 关键考点

（1）明确场地性质：场地不对外开放，服务功能应与建筑功能相匹配。

（2）交通设计：合理消解高差，布置登山道及无障碍坡道。

（3）空间设计：在东北角和西南角地势较平坦的地方设置开敞活动空间；在西面地势较陡处设置密林区，并和山体形成良好过渡；在东面结合无障碍通道、观景平台、休憩平台等设施，设置丰富的小空间，以此为休养人员提供多元化的活动场所。

3. 设计思路

（1）初级：合理组织人流，满足人流集散，适当增加功能。

（2）中级：注重空间变化，合理利用保留古亭，满足看与被看的关系。

（3）高级：结合雨洪管理理念，利用高差收集雨水。

4. 知识点扩充

场地高差约12m，无障碍坡度应小于等于10%，因此粗略计算需要坡道长需大于等于120m；布置登山道，按室外标准台阶计算，长度约为24m，并要和一些休憩平台相结合，综合计算需40m左右。然后结合场地地形、保留的古建筑等，合理布置无障碍环状交通。

分析场地地形，在一些地势较低处设置雨水花园、渗透塘等，用于收集雨水；顺应登山道，设置快速排水明沟，用于应急处理雨水；在山坡设置景观置石，用于减缓暴雨的流速。从排、渗、收集雨水等方面综合处理雨洪问题。

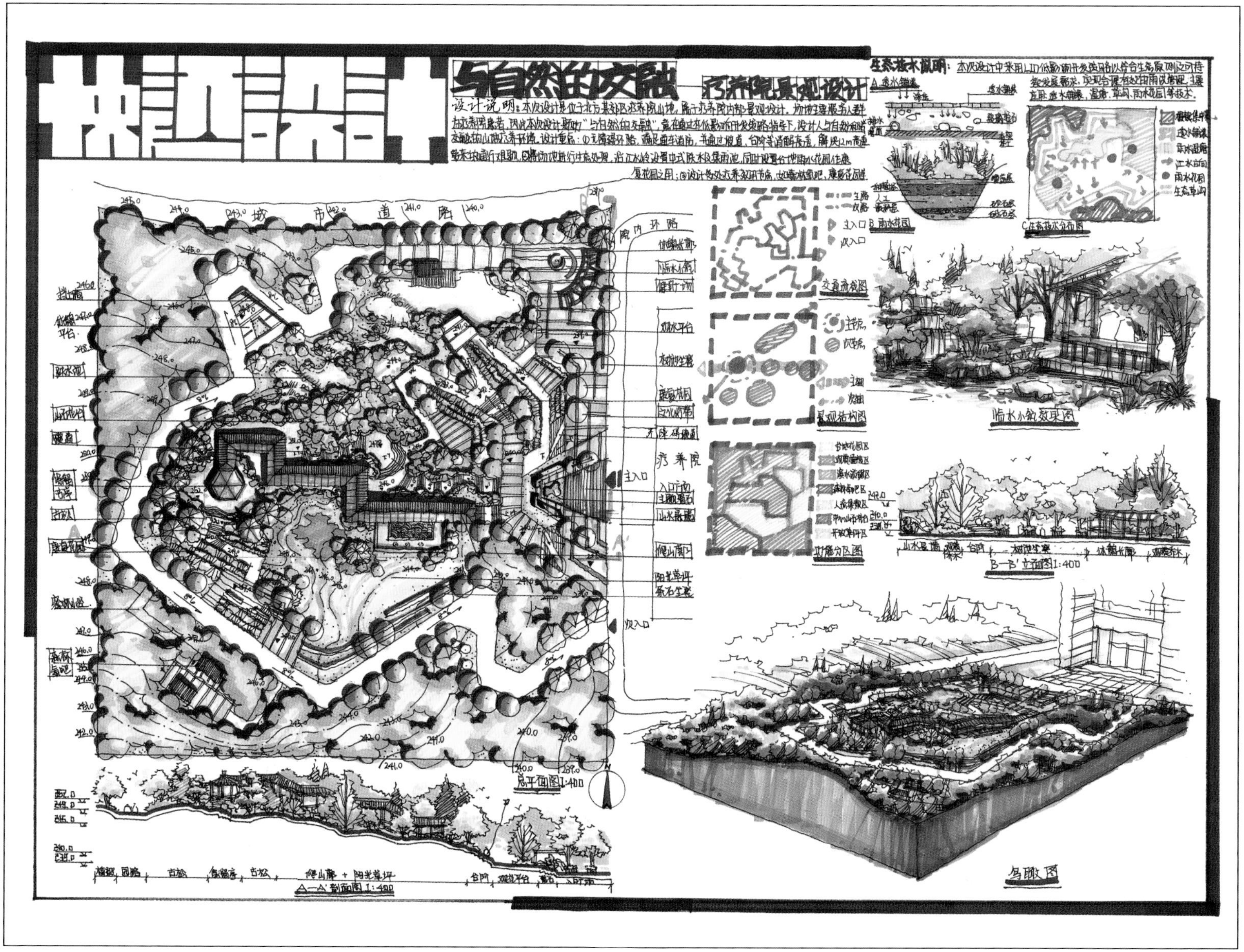

崇古匠心

与自然巧交融

滨水商业景观设计

设计说明: 本次设计针对江北老城区改造地块的设计。基于该区域历史文化遗存的挖掘,力求打造富有文化底蕴的滨水商业景观。

任务技术要点: 在双向交叉平面上引入垂直水系通过场地以形态表现,设计主题性与众不同。

评语

本快题设计案例整体表现出该同学深化细部的能力,等高线梳理清晰。亭子、廊架、水岸整体都具有中式风格。整个设计融入雨洪管理的理念,生态技术分析图别具匠心,但是雨水花园的断面图过于古老,建议用新的表达形式绘制,整体颜色清晰,也有比较复古之感,但平面图中心位置,对于复杂,整体梳理过于复杂,整体给人开敞不足的感觉。云树没有明显的区分,建议用更深的颜色表达云树。场地两侧所有密小空间不多,所有场地都聚集在中间,功能分区不够明确,空间缺乏疏密对比。

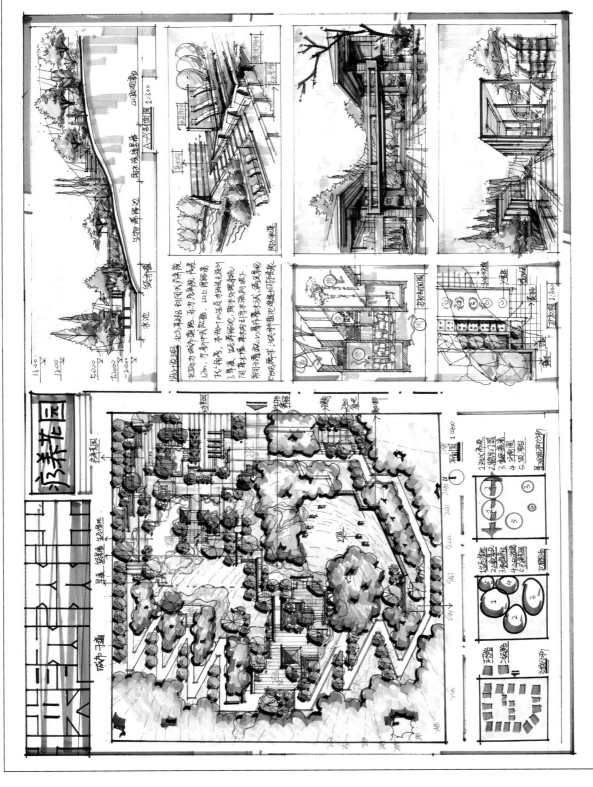

评语

本快题设计案例整体色彩以冷色调为主，非常独特，具有明显的个人风格。排版饱满，色调统一，主次突出，不论是细部表达还是整体效果，都是值得借鉴的佳例。平面图对于等高线的梳理较为清晰，但高等高距过于均质，缺乏进退变化。效果图对于构筑物的展表达十分细致，展现出该同学的手绘能力与扩势。扩初图上下对应，表达明确，分析清晰。各类分析图也很细致，分析图颜色很清明了，以比较直观的方式说明问题。该同学的作品无论是从方案上还是表现上都表现出了成熟的水平，整齐的排版，流畅的线条以及细节的刻画都为其增色不少。入口广场结合紧密，十分细致，并且通过不同的景观要素，围合出丰富的空间。

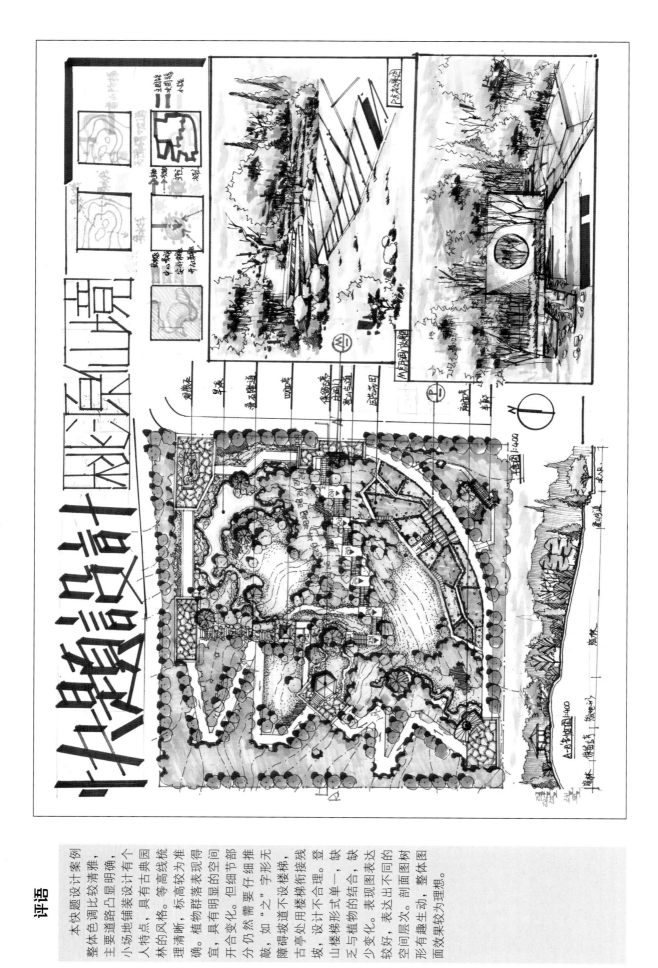

快题设计深圳仙湖园

评语

本快题设计案例整体色调比较清雅，主要道路铺装设计凸显明确，小场地铺装设计有个人特点，具有古典园林的风格。等高线梳理清晰，标高标注较为准确。植物群落表现得当，具有明显的空间开合变化。但细节部分仍然需要仔细推敲，如"之"字形楼梯无障碍坡道不设楼梯，古亭处用楼梯衔接残坡，设计不合理。登山楼梯形式单一，缺乏与植物的结合，缺少变化。表现图表达较好。剖面图表达出不同图树空间层次，整体形形有趣生动，整体图面效果较为理想。

4.16 公园景观设计

题目来源：南京农业大学 2017 年风景园林硕士研究生入学考试真题

考试时间：6h

1. 基地现状

（1）场地位于城市近郊，场地北侧为自然山体，有条小路从场地北侧穿过，东面为即将规划的商业区，场地西侧为市民文化馆，南面为居住区。规划设计场地为 1.5hm²，场地内有两处水塘，可以适当对其进行改造处理。东侧有若干银杏古树名木。场地局部有较大高差，可以适当对其进行科学处理。

（2）设计要求：600m² 服务建筑、30 个停车位的停车场、自行车停车场。

2. 成果要求

（1）平面图（1∶500）。

（2）两个剖面图，要表现出竖向设计。

（3）构思分析图。

（4）主要景观效果图两个。

（5）设计说明。

（6）标注主要景点、必要标高等。

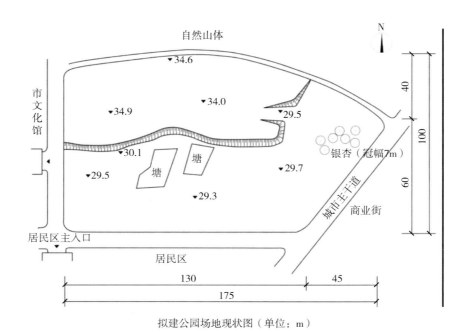

拟建公园场地现状图（单位：m）

解题思路

1. 题意分析

（1）定性：尺度 + 绿地类型。

1）尺度：中小尺度。

2）绿地类型：公园。

（2）定位：面向的主要人群是周围的居民、商业街人流、文化馆相关人群，提供良好的游览休憩、展现地域性文化景观的园地。

（3）定量。

1）周边环境：场地西侧为文化馆，北侧为山体，东侧为商业街，南侧有居民区。

2）场地功能要求：要求处理、规划和设计保留水塘、保留树木、保留高差，设置停车场与服务建筑。

2. 设计思路

（1）入口设置。

1）考虑题中所给的条件，商业区的人流量是最大的，居住区其次，因而主入口可以考虑东南方向。

2）又因为居民区一侧开口可以根据保留水塘和地形，形成非常精彩的景观轴线，居民区一侧也可以考虑开主入口。

3）此外，文化馆一侧也应有入口的设置，山体一侧考虑二级路结合登山道形成入口通道。

（2）空间设计。

1）根据场地的特殊性，如果在居民区一侧设置主入口，主空间建议利用原有水池与高差，设计一个山水空间做主空间，从而形成一个主轴线。

2）辅助空间考虑水体周边节点的设计、高差上下的衔接节点设计等。

3）交通考虑主要园路在高差较低的空间里形成贯穿道路，而台地上的二级路通过台阶与坡道的结合联系高差，与主路辅助形成环路。

（3）保留体设计：场地内的保留树木作为古树名木，根据相关的设计规范，我们只需要对它进行完整保留，避免伤根处理，并且设计为局部节点的景观视觉中心即可。

（4）建筑与停车场设计：

1）600m² 的服务建筑考虑是为人流量较大的区域提供服务的，因而放置在人流量大而通行便利的区域。

2）建筑设计方面要化整为零，通过局部二层的方式消减建筑的体量。

3）停车场：机动车停车场要遵循机动车出入口距离干道交叉口 70m 的距离的要求，并注意设置回车场；自行车停车场也要按照相关规范设置。

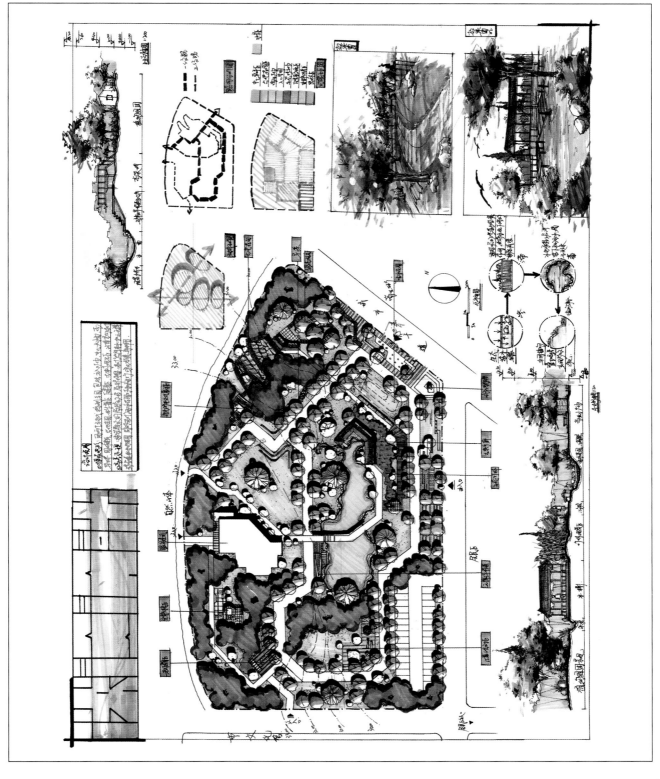

评语

本快题设计案例整体图面表达丰富，色彩层次突出，手绘能力强；整体图纸重点突出，小图纸表达丰富细致。平面图处理丰富；高差处理细致，水体营造丰富，功能明确，有明显的开敞与私密的对比；有较好的植物和植被层次；整体构图和谐统一，道路形态具有节奏感。其他图笔触成熟，手绘功底不错，剖面图有明显的空间开合与高差的对比，植物组团层次丰富，景观元素多；效果图透视准确，层次感强烈，层次感强列。

缺点：①方案上主次路体系素乱，交叉又过多，形成空间的混乱与迷惑感，主要的选址也被道路强制割裂，且有断头路。空间布置不突出，零碎空间太多；②红线外的等高性不强，景观序列逻辑线不强，主路坡度不能满足规范要求；③建筑物的选址不具有便利性，不能服务最多的人群，场地内所有的建筑物没有承接适宜的建筑物前广场，导致人流的混乱；④古树名木的保护不能给予最大的保护性措施，如冠幅 5m规范，应考虑相关的保护性措施，如冠幅 5m外放置构筑物。

快题设计

评语

本快题设计案例整体图面表达丰富完整，色彩上黑白灰关系强，小图纸表达技巧不错，图纸完成度高。平面图主入口设置契合轴线，主轴线副轴线设置序列感较强；交通流线清晰，主次路区分明显目各成体系；空间功能明确，围合感较强；高差处理没有太大的问题，运用了花台与树团的处理对高差进行局部的改造；建筑的选址十分便利，停车场选址正确；生态处理丰富，很好地解决了场地内的雨洪管理问题。其他图的图面表达细致、色彩层次丰富，鸟瞰图透视准确，疏密关系良好、颜色清丽；效果图元素较为丰富。

缺点：①主路路的形态没有贯穿开，没有空间系统完整的下部场地与空间，一级路路比一级路路更突系统；②主次空间表达不够突出，水体空间土方动得过多，消解了过多水体的体量；③古树名木保护出现规范上的问题；④停车场回车场不符合相关规范；⑤对于高架高架桥的运用保持争议、难维护，易形成消极空间，生态性差的缺点，快题设计中建议不要过多运用。

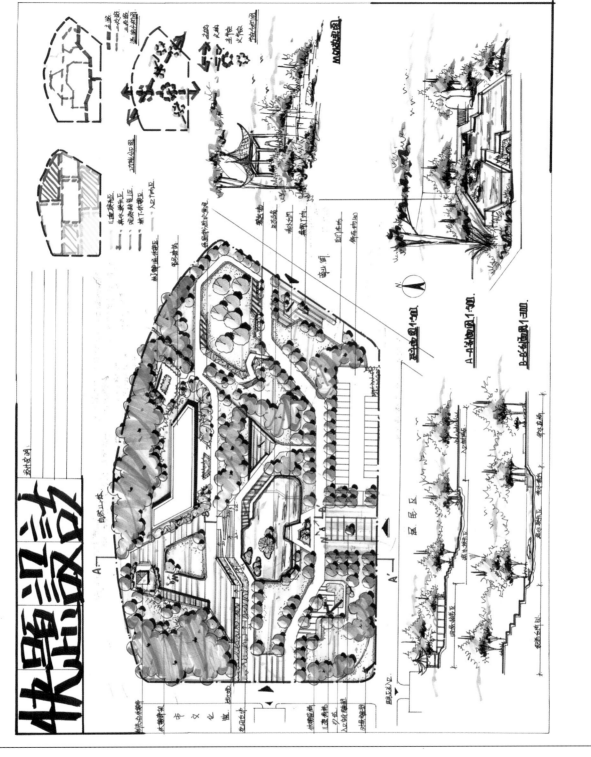

快题设计

评语

本快题设计案例整体图面表达完整，色彩明亮干净，表达也较为丰富。平面图主入口设置于居住区一侧，形成了良好的景观序列与轴线和山水关系；主路设置清晰明了，通达性强，空间营造功能明确，满足考点要求，小空间营造多样，植物围和感强，高差处理较为丰富，通过花台、台阶结合坡道、树园围合等方式处理，古树名木的保护符合规范，形成良好的景观氛围；停车场设置符合规范。其他图的图面表达干净明显，黑白灰关系明显，色彩靓丽，配色清丽，加熟练。

缺点：①方案的二级路设置较为混乱，二级路系统复杂；②北部的硬质平台过大，东南部却没有集散人流的广场；③入口设置过少，北部应有一些路口通入，可作为登山步道；④建筑选址出现问题，且不能满足消防要求；⑤平面图构图构形式上也需要再斟酌，剖面图、效果图表达较为单薄，剖面图应注意植物的层次对比与高差对比。